大厨必读系列

经典川菜

川味大厨 20 年厨艺精髓

技术顾问

舒国重　杨国胜
曹晓军　刘子明

U0216656

朱建忠 / 著
蔡名雄 / 摄影

中国纺织出版社

美味佳书，乐不思蜀

纵观当今食世，已是川菜天下，天下川味，五洲四海，盛言"食在中国"；华夏大地，声称"味在四川"。自古蜀望、丛二帝在川西坝子设邑建都、兴农治水，到都江堰水利灌溉之引流从善，促使成都平原形成蜀地特有的农耕文明和饮食文化。承千年天府之文脉，受万里岷江之润泽，三千年历史的古蜀王都，天府乐国之璀璨明珠，"油盐柴米酱醋茶""琴棋书画诗酒花"在这里演绎得十分淋漓尽致。

千百年来，川菜就这样以其风味情韵，滋润着巴蜀子民的四季生活。一千多年前，南宋大诗人陆游就后悔离蜀，杜甫更因巴蜀美食游乐之丰盛而向世人发出"少不入川"之警示。2009 年 11 月 17 日晚，美国总统奥巴马对川菜"翠汁鸡豆花"之"豆花不用豆，吃鸡不见鸡"之神韵所钦服。千百年来，川人用舌尖悠闲地品味生活，以肚肠感受人世冷暖，在厨房书写快乐人生。让您来了就不想离开！这就是被联合国授予"美食之都"的个中奥秘。

朱建忠，中国著名烹饪大师、川菜大师张中尤之徒孙；师承张中尤之高徒，中国烹饪大师、川菜大师，有川菜江湖智多星之美誉的舒国重。朱建忠现为特二级烹调师、中国烹饪名师、川菜烹饪大师。朱建忠秉承张派儒厨之风，奉行舒氏之厨德厨艺，将自己与恩师舒国重多年苦心钻研、悉心感悟之川味河鲜烹饪心得与技法，编撰成一部宏大佳作——集川菜河鲜、烹饪技艺、历史文化、三江风情风俗、经典河鲜菜肴及精美图片为一体的《川味河鲜料理事典》（简体版书名《川味河鲜烹饪事典》），由中国台湾省赛尚图文事业有限公司出版，荣获 2010年德国法兰克福国际书展台湾馆推介书及世界美食家食谱双项大奖，亦获得中国美食界及世界烹饪专家的充分肯定。

而本书是朱建忠师傅近 20 年间，通过民间采风，食海拾贝，匠心独具而创新诠释的一批川味食尚经典菜肴，受到食众之热捧。可以这样来描述本书："一样食材，两种滋味，万般风情的烹调挑战，通过浓、淡、厚、薄，传统、创新等菜品，将川味佳肴百菜百味的多样化烹调、丰富滋味等诱人元素完整呈现，并毫无保留地和盘托出川菜让人上瘾的关键与烹调秘诀所在。"

120 道特色菜，有家常风情、经典传统、新派创新等各类型菜品与烹饪技巧，每道菜都有美味秘诀大公开，以及味型、味道、特色、典故、文化、风情等深入浅出的文字介绍，让您通过对照、比较来了解其烹饪与调味的技巧与异同，能触类旁通，尝到川味儿的精髓。"当然，这些菜品也生动地展现了川菜中张氏厨派与舒氏厨艺之风尚。

近二十余年来，张氏厨派、舒氏厨艺可以说占据了川菜行业与市场之半壁江山。朱建忠是行业公认的佼佼者之一。以四川美食家协会会长，九十多岁的李树人老先生的话讲："张氏之门，自成一派，具有左右蓉城川菜风味之势。"

有道是：势利者言行虚假，浮躁者一事无成。然而张氏厨德，坦荡踏实、虚怀若谷；张氏厨风，意趣清高、志量远大；张氏厨艺，一菜一格，百菜百味，与时俱进，引领食尚，奇峰妙境尽在众弟子鼎鼐之中。朱建忠承此风范，此书可谓美味佳书，让人乐不思蜀！

向 东 2012 年 9 月秋分于成都

四川省烹饪协会副秘书长
《四川省志·川菜志》主编
著有《食悟——千滋百味话川菜》、《食悟——万般风情在巴蜀小吃》、《食悟——一日三餐聊养生》等饮食书

吃川菜特别容易上瘾

川菜是中国饮食百花园中最具个性、最有风韵的四大花魁之一，也是中国四大菜系中最具冲击力，市场占有率最高的一个菜系。我们无论走到天涯海角，凡有炊烟之处，都能体验到它的美味，凡餐饮成市之处，川菜总是浓妆艳抹，担负起重要的角色，取得很大的市场份额。川菜、川酒、川茶、川戏合为四川，它们都是四川文化的重要元素，其中川菜又是四川文化中最大的亮点。川菜虽然声名卓著，市场占有率高，犹如滚滚川江浩浩荡荡，奔向八方，但是发展太快就会泥沙俱下、鱼龙混杂。

然而四川成都市"锦城一号邮轮"行政总厨朱建忠先生，不仅利用自己的平台将其做成了川菜市场上的一个标杆。而且他还利用工作之余，从知识的层面对川菜进行了总结和传播，对普及川菜知识，提升川菜的形象和整体实力，起到了重要作用。他写的《川味河鲜料理事典》（简体版书名《川味河鲜烹饪事典》）在业界就曾产生过较大的影响。如今他的这本《经典川菜——川味大厨20年厨艺精髓》，又从操作层面，较为全面地展现了川菜的形象和特点。笔者曾经写过一副对联来谈川味："川菜百种味岂止麻辣味博采复合味；世间千般情不忘故旧情还结新友情"，但只是纸上谈兵、坐以论道，而朱建忠先生却从操作层面，做出了实证。

笔者认为从口味上看，川菜有以下三个显著的特点。

一、浓妆艳抹、浓味浓香，以调味取胜

川菜总是浓妆艳抹，常常使用大量调味品和辅料，充分打扮主料，有时甚至淹没了主料，却不会主次不分，做出的菜品香风浸脾。本书中介绍的辣子肉丁、沸腾刨花羊肉、水煮牛肉等，都是未见其菜先闻其香。浓浓的香味会让人馋涎欲滴。这些川菜的味道都是以调料和调味取胜的。而粤菜则不同，它是以主料的本味取胜的，虽然他们的菜品也加有多种调味品，但是清香淡雅，不压本味。

川菜和川酒这两兄弟都是以浓味浓香著称的。杜甫就有"蜀酒浓无敌"的诗句。川菜和川酒在"浓香"二字上是非常一致的，这也是众多食客喜欢它的原因之一。

二、善调麻辣双味，口感冲击力强

全世界吃辣的地区很多。但唯有川菜，善于运用麻辣双味烹调菜品。像本书所介绍的麻婆豆腐、夫妻肺片、水煮牛肉等许多菜品，都是典型的麻辣味型。本书很多典型的川菜口感冲击力强，一入口定能感觉到它的力度，与之打交道有一番拼搏、较量，吃得酣畅淋漓，唏嘘不已而经久难忘。

三、味型多样，并且味型之间的反差很大

川菜是山河文化。四川的地理环境极为复杂，既有大江、大河、高山、峡谷，又有湖泊、瀑布，还有荡荡平川，高低错落，气势磅礴。因此反映在饮食文化上，即是"百菜百味，一菜一格"，并且各种味型之间的反差较大。川菜有23种基本的复合味型，再运用大量的复合加成作用而成百菜百味。如本书介绍的麻辣味型、鱼香味型、煳辣味型、蒜泥味型、泡椒味型、怪味味型菜品，都是带有辣味的菜品，但香味、口感差异非常大。本书也有糖醋排骨、香酥凤腿这样温柔的甜酸味型菜品；还有白果烩鱼丁、鸡豆花这样清香咸鲜味型的名菜，以及腰果鸡丁、锅巴肉片这种称为小荔枝和大荔枝味型的名菜。但各种味型的个性都十分突出，因此口感的整体冲击力较大，容易给食客留下深刻印象。所以吃川菜特别容易上瘾，使人恋恋不舍。

总之，本书的众多菜品都从味型上、用料上、烹饪技法上，呼应和实证了川菜的理论，展现了川菜的特点，从知识上、技术上也具有一定的科普价值。

通过这本书，笔者十分高兴地看到朱建忠先生忠于自己的事业，并且颇有建树。朱者红也，因此笔者祝愿朱先生此书，一炮打响，一路走红，同时也祝愿川菜事业红红火火、大吉大顺！

刘学治 2012年9月27日

四川烹饪高等专科学校教授
四川首位中国餐饮文化大师

继《川味河鲜料理事典》后

回顾经典，再创经典

经过多年工作经验的总结，以及规划、构思、编写、编辑、设计、印制等工序，精装的《川味河鲜料理事典》一书于 2009 年 10 月在中国台湾首印发行。当时书一完成，赛尚总编辑大雄就将每本近 2 千克的书以最快的空运快递方式，先给我捎了 3 本到成都。

几天过去了，在极度期待之际，物业中心的工作人员通知我去取邮件，打开包裹的那一瞬间，心中涌出无数滋味，兴奋、激动……回酒楼后我小心翼翼将书打开，逐页逐页将书看过一遍。因为过于专注，单位的领导、同事、朋友早已聚在我身后并将目光聚焦到这本"大"书上，大家都为之感到惊讶，朱师傅写的这本书不简单啊！其实出书不为名利，只是想把自己从事厨师生涯的旅程和经验总结一下。晚上下班回家，又将书拿出来仔细看了一遍、两遍，还是舍不得放下来。

夜里，我在床上翻来覆去，久久不能入睡。爱人开玩笑说，你这个人今天怎么了？书都上市了还担心啥子呢？由于自己思绪还未理清，一时还不敢将心中想写第二本书的冲动说出。第二天，思绪理清了，确定这本《川味河鲜料理事典》确实填补了烹饪书籍中未曾有河鲜专著的缺口后，才将想再写一本有关川菜中的时尚流行凉菜、热菜的菜谱书的想法说出。同时以书面的形式发了个电邮给大雄，请大雄帮分析一下是否可行。没过几天，大雄就将他的观点、想法、构思回复给我，在几次的交流与讨论后，大雄以其专业知识，策划了第二本食谱书的规划书。按照市场定位和广大读者朋友的需求及适用性，订出了几个主线：取材要普遍、做法要传统和现代结合、味型的涉及面要广泛、操作要通俗易懂、烹调关键说明要明确。于是我开始对这本书的内容进行了细心构思。

按原计划本书应该在 2011 年 6 月就出版，由于我个人工作时间的特殊性，导致延误了出版时间。在本书的编写过程中，白天我要负责几家酒店的经营、厨政管理、新菜品的研发与新酒店的筹备，只有晚上才能抽空对文稿内容进行处理。

在菜品图片拍摄过程中，根据需求，拍摄地点选定在邮轮酒店三楼的包间内，而厨房在一楼，在成都的三伏天里，连续一周的菜品拍摄中，我来回奔波在一至三楼，每天跑下来四肢发软、衣服被汗水浸透，晚上还要忙酒店的生意。大雄则在镜头下精益求精地对每一个菜品的色泽、外观形状、盘饰进行点缀、修改、调试方位等，最后拍摄出生动、鲜活、诱发食欲、令人垂涎三尺的菜品图片。由于酒店的生意很忙，为了不影响营业，我们常常工作到忘记午饭，因为要赶在晚餐营业高峰期客人到来之前暂停拍摄，晚餐营业结束后，再继续熬夜拍摄……在此向大雄先生道声辛苦了！

感谢编委们舒国重、杨国胜、曹晓军、刘子明的大力支持，也感谢成都"锦城一号"邮轮提供的拍摄场地，同时感谢成都"老刘家"食品公司、成都"锦城一号"邮轮的各级领导对我工作、事业的大力支持。为了弘扬、挖掘川菜的饮食文化精髓，望有识之士与各级专家给予指导。在此深表谢意！

朱建忠 2012 年 9 月 5 日于成都

CONTENTS

一样食材，两种滋味，万般风情

就爱川味儿

川味诱人秘诀

特制地道川味调料

CONTENTS

川味凉菜　爽口舒心

经典川菜

红火热菜　香鲜麻辣

就爱川味儿

味型

变化丰富，滋味美

川菜在口味上特别讲究色、香、味、形，兼有南北之长，历来有"七滋"（甜、酸、麻、辣、苦、香、咸）、"八味"（干烧、酸、辣、鱼香、干煸、怪味、椒麻、红油）之说，以形容味的多、广、厚，并以味的多、广、厚闻名天下。

家常味

家常味的特点在于浓厚醇香，咸鲜微辣。"家常"之名是指家庭常备的意思，也就是说家常味的调味取材十分便利，家家都有，一般必需的调料有豆豉、酱油与郫县豆瓣，其中郫县豆瓣决定了这味型八成以上的醇香与咸鲜微辣风味，所以用量上在合适的范围内尽可能多，以突出家常味的特点。但要注意咸味的控制，因豆瓣本身咸味重。

鱼香味

鱼香味的风味独特，在姜、葱、蒜、糖、醋和泡鱼辣椒（又称鱼辣子）的组合下，鲜辣爽口，色泽红亮，酸香味突出，且所有滋味相融为一体，口感醇厚、鲜美可口。此味型是川菜的特有风味，因其味组合巧妙，用以烹制出的菜肴，带有隐隐"鱼香"而得名。

糖醋味

糖醋味甜酸味浓，鲜香可口，是一种讨喜的味型，甜甜酸酸的，入口醇厚而后转清淡酸香味，因醋的酸与香具有和味、改味的特点，除腻作用明显，若使用过量时，酸度过大就难以入口，此时再加糖中和酸味则会过腻，因此要控制好糖与醋的比例以避免糖醋味压过食材本味。

麻辣味

麻辣味的特点在于咸鲜热烫，助食而解腻。麻辣味是否协调而突出，要看辣椒末、花椒末的比例，比例不对就会有空辣空麻的现象，且整体风味会发腻。辣椒末用量以菜肴色泽红亮、香辣味突出为准，辣而香，辣而不燥；花椒末用量以菜肴香麻味突出但不反苦味为佳。麻辣味的菜品成菜后都应具有咸、香、麻、辣、烫、鲜等特点。另一种麻辣味是用红油加花椒粉制的，风味特色是麻辣咸香，味厚不腻。麻辣味的调制都有一个重点，就是咸味要够，咸味不够，整体滋味就会空洞缺乏厚实感。

煳辣味

煳辣味，顾名思义是以煳辣椒的香气做主调，再调以花椒的香气与醋、糖的酸甜味，就有奇妙变化，产生像荔枝一样的风味，因此又分煳辣小荔枝味与煳辣大荔枝味两种，特色都是荔枝味突出，麻辣适口而不燥，鲜香醇厚，差别在于酸甜程度不同。这类菜肴带有水果感的酸甜味同时可以感受到咸味，特别的是微酸感就像新鲜荔枝微甜中带果酸香一样。就实际食用体会而言，荔枝味的甜酸味中的酸味，应先于甜味，也就是说，食者在甜酸味的感觉上，是一个先酸后甜的过程。若是甜、酸味浓而鲜明，加上咸味不明显就成了糖醋味，这是做煳辣味菜品要特别注意的地方。

怪味

怪味是川菜独创的一种味型。几乎用上了各种调料，有川盐、红酱油、白酱油、鸡粉、芝麻酱、白糖、醋、香油、红油、花椒末、熟芝麻等。从怪味的调味技巧与特点可发现川菜调味的精致与思路，不仅要求味的层次与协调，还要在浓、厚、复杂中让各味彼此烘托，更要烘托而不掩盖主食材的滋味，因集咸、甜、麻、辣、酸、鲜、香众味于一体，味与味间互不掩盖，各味平衡又彼此烘托，乃至使菜肴具有多种层次的味道，故以"怪"字来褒其滋味之妙。

椒麻味

咸鲜清香、风味幽雅是椒麻味的风味特点，调制时主要以葱加花椒并突出椒麻味，加香油提香，但要用葱的青叶其清香味才浓。椒麻味组成虽简单，但搭配咸甜味浓的食材会有丰富滋味，若要香气更浓可以用滚油冲入剁碎的葱、花椒，但要控制油量，避免产生油腻感。

酸辣味

酸辣味属于爽口的味型，在川菜中使用较多，主要风味为酸辣清爽，鲜美可口。依使用的辣味来源不同，如鲜辣椒、干辣椒、胡椒或红油等，而分成香辣与鲜辣，酸味的来源也相当多样，从基本的各种醋，到经过复合制成的各种酸汤。调制酸辣味时有一个基本原则就是"盐咸醋才酸"，在菜品中一样份量的醋，会因为咸度的关系而有不同的酸感，咸度不足时酸香味就会让人觉得薄弱。

红油味

在川味凉菜中是较为常用的味型之一。其色泽红亮、入口回甜、咸鲜微辣。红油可说是川味凉菜香美的关键，要想做好川味凉菜，就得学会红油的制作方法，会做还要做得好并懂得如何微调出属于自己特色的色、香、味，才能让同一道凉菜到了你手中，那味道就美上一大截。调制红油味一般搭配糖、酱油、红酱油，调好的酱汁是咸味恰当，甜味入口微有感觉，咸、甜、鲜、辣、香兼之，用于凉拌菜肴，其原料应是本味较鲜的品种，如鸡、牛肚、牛舌等肉类和新鲜蔬菜等。

麻酱味

麻酱味香鲜爽口、香味自然，食用时口感鲜明，此味型重用芝麻酱，搭配香油、酱油、盐、糖等，以突出其香味，但麻酱本身会压掉其他食材的味道，所以应用时要注意用量并且搭配本味鲜美或突出的食材。若能自制芝麻酱则香气更足，效果更佳。方法是：先将芝麻淘净，炒至微黄，碾碎，用五分热的熟菜籽油烫出香味即可。

蒜泥味

此味型蒜泥味浓厚且蒜味突出，鲜香辣中带微甜，最适合作为下饭菜的调味。也因蒜泥味浓厚，运用时在味的配合上，以不压过原料本味或抵消其他配菜的滋味为宜，其中红油与香油只起辅助作用，不能喧宾夺主。蒜泥味主要是取用新鲜蒜头的浓辛味，因此多用于凉拌。蒜泥现做现用为佳，久了就会变味，放到隔夜更会散发异味，不可使用。

工艺

手法万千、适才适性

　　川菜常用的烹调工艺有炒、爆、熘、炸、煎、烧、烩、焖、炝、焴、蒸、煮、炖、熏、卤、焓、渍、拌、腌、糟等数十种，其中以小煎、小炒、干烧、干煸见长，是川菜最具特色的烹调工艺。

　　小炒美味的关键之处在于兑味汁，因小炒速度快、时间短，加上川菜的调辅料繁多，若在炒的过程中一一加入，就耽搁了时间而过熟甚至焦煳，所以调味要一次完成，味汁的比例不对，要再追加调整就太晚，因为已经成菜了，再调并不能让菜品变好。如鱼香肉丝，不过油，不换锅，现兑滋汁，急火快炒成菜，鱼香味突出。

　　另一独特烹调方法是**干煸**，干煸的烹调特点是食材码拌时不上浆，也绝对不能上浆，因食材入味后就直接入锅，不用油或只用少许油煸炒干主辅料水气至干香成菜，若是将食材上浆，加上锅中油量极少，那肯定是糊成一团。干煸菜的风味特色是入口干香味厚，但对许多

食材而言要煸炒至干香须费时数分钟到十几分钟，对现今的餐馆酒楼而言太耗时了，因此工序上也做了调整，现今在制作干煸菜品时多先油炸再煸炒成菜，但这样的干香味会稍差，油分偏多。

　　川菜烹调工艺中有许多隐藏版的独门技术，该工艺或许名称与其他菜系相同，若没有仔细研究其中精髓，常会因误解而达不到应有的特殊风味，如**干烧**，就是川菜中的一大特色，就是将汤汁烧到干。虽说如此，要烧出美味还是有很多诀窍的，如原料要先炸后烧，再以小火慢烧亮油，绝对不能用水淀粉收汁，才能达到成菜色泽红亮、入口干香、家常味浓厚的工艺要求。因为干烧具有炸与烧混合的独特风味，因此干烧菜经常是烹饪比赛的常胜军，如干烧岩鲤、干烧鱼翅、干烧大虾。

　　"干锅菜"近几年流行于大江南北，甚至有许多以川味干锅为主题的连锁餐馆在各地火爆上场。干锅菜的最大特色就是成菜干香、软

嫩适度、回味持久而厚重，在主料吃完后还能加入鲜高汤转变成火锅，一菜两吃，加上经济实惠而深受喜爱。

干锅要有特色就须有自己的干锅底料，就像麻辣火锅一样，所以干锅底料的配方与炒制工艺几乎被视为一家干锅馆子的命根子。

除了烹调工艺，**刀工**工艺也是川菜的一大特点，虽然不是独门绝技，却也是看家本领，甚至有些名菜、名点的菜名就因刀工而出名，如棒棒鸡、灯影牛肉、金丝面等。其中"棒棒鸡"是四川雅安荥经地区的一道地方特色名菜，因其独特的刀工工艺而得名，让此菜不只美味更有些许趣味。其刀工独特之处在于一人持刀，一人用木棒槌敲打刀背的方式将鸡连肉带骨斩成片，就因多了这木棒槌而名为棒棒鸡。

四川地区物产丰富，当季物产常常吃不完，因为早期没有冰箱等保鲜设备，需要通过烹调技术延长储存时间，加上爱"吃香香"的传统偏好，令川菜的凉菜中以**"炸收"**工艺成菜的菜品相对较多。所谓炸收即先将原料在油锅中炸干水气至干香酥脆，再上火，调入味汁，小火自然收汁成菜，如糖醋排骨怪味兔丁香辣脆鳝酱酥鲫鱼。"炸收"工艺成菜后干香、酥脆爽口、口味分明、利于存放，对餐馆来说更有出菜速度快的优点。

再说说**"焖"**，其烹制方法近似于烧，主要差别为主辅料在锅中烧时有无加盖，加盖是焖，不加盖是烧。焖的工艺同样要烧至汤汁浓稠、上色入味，但成菜后入味更深，口感以细嫩软绵为主。焖煮在川菜中又分红焖、油焖、黄焖三种，成菜工序基本上一样，主要差别在于调味后所形成的成菜色泽。如板栗黄焖鸡、麻香焖牛掌、油焖笋、啤酒焖仔兔等。

干拌一词在川菜中，即将原料卤制好后切片加入干辣椒粉、花椒粉、酥花生碎、熟芝麻等干香、辛辣调味料拌匀，不加或只加少量的油脂，如香油、红油或熟菜籽油成菜。其特点是入口麻辣干香、回味悠长，是四川地区佐酒、休闲的最佳美食，常见于冷淡杯、夜啤酒这类小馆子的菜单上，在酒楼多为开胃前菜。

烟熏也是川味一绝，如四川腊肉、川味香肠、缠丝兔等远近闻名。四川农村的做法是主食材熏干水气，再利用厨房柴火灶的烟天天熏，可延长保存时间又增加风味，多经过半年以上的长时间烟熏后才食用，那烟香味浓郁而醇厚且有一股时间的滋味，让人回味再三。所以农村里的老腊肉对四川人而言有不可取代的情感地位。现在一般做法都是在食材经川盐腌制入味并风干后，放置在相对封闭的空间中，利用柏树枝桠、锯末、花生壳等原料焖烧时产生的浓烟，在五到十天内将主食材熏干水气并入味。

蘸水在川菜中，具有独特的角色，虽然制作蘸水就是将调味料全部调匀后盛入碟或碗中即成，食用方法也交由客人自行将食材放入调味料中浸泡入味后再吃，但川菜将蘸碟视为成菜菜品的一部分，所以蘸碟都是一菜一碟，少有共用，目的是让成菜入口时滋味完美，因此川菜中只有少数蘸碟可以独立存在，成为百搭蘸碟，这类蘸碟多半是个性不明显的单纯咸鲜味或麻辣味。

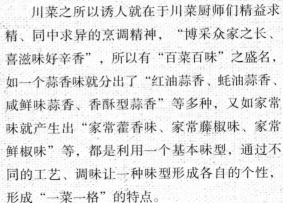

川味 诱人秘诀

川菜之所以诱人就在于川菜厨师们精益求精、同中求异的烹调精神，"博采众家之长、喜滋味好辛香"，所以有"百菜百味"之盛名，如一个蒜香味就分出了"红油蒜香、蚝油蒜香、咸鲜味蒜香、香酥型蒜香"等多种，又如家常味就产生出"家常藿香味、家常藤椒味、家常鲜椒味"等，都是利用一个基本味型，通过不同的工艺、调味让一种味型形成各自的个性，形成"一菜一格"的特点。

要掌握川菜的关键风味，只要掌握四类关键调辅料即能事半功倍，这四类调辅料说来极为平常，就是"川盐、花椒、辣椒与姜葱蒜"。川菜厨师们经常讲这样的话，看起来简单的菜最难做，因为要达到极致美味做工就要精细，也应了西方管理学的一句话：魔鬼藏在细节里。很多刚入门的厨师，炒同样的菜，外观看来都差不多，但一入口，功夫高低、滋味感觉就差得很远。

精用川盐

许多人都会觉得奇怪，为何只有川菜的食谱总是写着要用"川盐"？这是因为盐为百味之首，而盐的质量好坏也就直接关系到菜肴的滋味。打个比方，一般的"精盐"源自大海，但因杂质过多所以都要经过"精制"的过程，就像净水厂处理过的水一样，虽然杂质去掉了但滋味也变得单调；而纯正"川盐"是源自地底数百到上千米的高纯度盐水，就像优质山泉水一样不需特别处理，直接饮用滋味丰富而回甘，因为其中还保有丰富的矿物质等微量元素。当你品尝纯正"川盐"就能感觉到丰富而回甘的滋味，还带有咸香味。

川盐即为井盐，成型细小而洁白，口味纯正。川菜为体现"一菜一格，百菜百味"，用盐有独特之处，烹调时除了直接使用川盐，更多的盐味是借用各种咸味重的调辅料，经过腌、泡、酿或复制的咸味调辅料，其盐味都会变得复杂而醇，最后成菜时再下一点川盐将盐味补足到最恰当的浓度，也因此川菜的咸味尝起来都特别醇厚丰富、香而回甘。特别是干煸菜品多半强调要有"咸香味"，这就是川盐所扮演的角色。

川盐或精盐的使用对一般清鲜的菜品来说可能差异没那么明显，但若烹调用盐量大的麻辣味型的菜品就较为明显。要想体现川菜麻辣味的正宗，川盐用量一定要充足，成菜后麻辣香气浓厚，辣而香，麻而纯，这时的盐味是浓而醇厚。但若使用精盐调味，整个麻辣味就要变质，成菜后麻辣的香气不够浓厚，辣而不香，麻而不纯正，行业中称之为干辣，精盐的盐味会让菜品变得死咸而刺喉。

另外像是用于凉菜或味碟的川盐，川厨都不会直接用，而是将川盐入锅干炒至微黄喷香，放冷后才拿来调制凉菜或味碟。

然而对于无法取得川盐的川菜爱好者来说，该选用何种盐替代呢？只要掌握一个原则，就是盐源越纯，"精练"需求就越低，盐中就能保有越丰富的微量成分，盐味就会越丰富。因此市场上的天然岩盐、天然湖盐、天然海盐都是可用的替代盐。

巧用花椒

二千多年前，四川地区就开始用花椒，几乎与川菜的历史相当，就因花椒的香、麻风味让"尚滋味，好辛香"的四川人对花椒不离不弃，而成为川菜中无可取代的独特调料，并为川菜构筑出最具辨识度的独特风味。

目前川菜中使用的花椒分成两大类：一为红花椒，常见的有汉源、冕宁、越西的正路花椒与金川、茂县的大红袍花椒等，市场上只有晒干的；一为青花椒，常见的有金阳青花椒、江津的九叶青花椒、雷波青花椒等，市场上有晒干的也有冷冻保鲜的。其中峨嵋山周边市、县特有的藤椒虽与青花椒、红花椒同属芸香科花椒属，但因本身特性，晒干后就丧失风味，只能趁新鲜晒制成藤椒油，因此市场上只见得到成为商品的藤椒油。

川菜中应用花椒的方式很多，按花椒干、鲜分成鲜青花椒、干青花椒、干红花椒等，依花椒形态则以整粒、刀口状、细粉状、蓉状入菜。各种状态形成的成菜风味都不一样。

川菜中运用花椒的技巧不难，首重选用好花椒，好花椒要符合几个基本要求，分别为个粒干爽、颜色纯浓、香气丰富、黑子和杂质少。接着就是依菜肴需要，使用炒、爆、冲、淋、煮、

焖来提取需要的香麻味并使其入味，但要制取得恰到好处就需要火候经验的累积。

要将花椒风味完全展现需要经验的累积，但还是有简单原则可以让刚接触川菜的爱好者依循。简单来说就是鲜青花椒是取青花椒的鲜香味与翠绿色泽，具有为菜品增色的效果，多用于凉菜或在起锅前下入热菜。干青花椒是取其爽香味与麻度，因青花椒的麻度高，市场上也称为麻椒。干红花椒是取其熟甜香，麻度不如青花椒大，相对适口，在传统川菜中只用干红花椒。青花椒的使用是近三十年因江湖菜而蓬勃起来。

花椒粒、碎、粉或练制成油等形态不同，烹调时释放出的香麻成分比例就不同。以全粒状入菜，一般是取其香，麻度其次。而刀口状的花椒是炕香后用刀剁碎，香麻味尽取，因此可以让菜肴的香麻味极为浓郁。粉状的花椒多半是成菜前调入略炒，香气一出就起锅，主要取其麻味，其次香味。做成蘸碟蘸食，一般以粉状和练制的花椒油为主，主要取其麻香味为菜肴增味及些许苦味以解菜肴的腻感。最后，冷、热菜都能以练制的花椒油调味，主要还是取其麻味、香味，热菜一般是起锅前加入，以花椒油调味还可避免影响主食材的口感。

妙用辣椒

今日的四川地区乃至四川菜几乎与辣椒划上等号，但论历史，辣椒进入四川盆地还不到五百年，用在烹饪上也就四百年左右，这红辣味却成为川菜的关键角色，说来还是四川地区好辛香的偏好使然，加上这飘洋过海来的辣椒，四川人多称呼"海椒"，其辣香与花椒的麻香是最完美的搭配，让川人对辛香味的追求更锲而不舍，而铸就今日川菜的模样，四川地区也变成了麻辣中心。

虽说川人爱吃辣椒，但爱的是辣椒的香与色，辣只是让香与色变得有滋有味的配角，因此川西坝子产的二荆条辣椒（俗称二金条海椒）是川菜最爱的辣椒品种，其特点为色泽红亮、香气浓郁、微辣。

四川地区的气候环境十分适合辣椒的种植，辣椒品种相当多，而擅于使用各种辣椒的各种香、各种艳丽颜色来为菜肴提味、提色、

正路椒最佳产地位于四川雅安市的汉源

增香、增口感，唯独不爱高辣度的辣椒，因为太辣就尝不到其他的味，丰富的香和味对川菜来说是永远的最高原则，也因此才能将带辣椒的菜肴做得百花齐放，若只是一辣了之，今日川菜就不会倍受推崇。因此用辣度评价川菜，对四川厨师或四川人来说是一种污辱！

四川每年的六月，青二荆条辣椒上市，色泽碧绿、肉厚质脆、辣味适中而清香。青二荆条辣椒既可以单独成菜也可以做调味料来食用，最常见的就是将青二荆条辣椒烧到外皮略焦后去皮、调味，直接下饭吃，香得很，再简单烹调一下就可以当做是下酒菜。再过个把月就换红二荆条辣椒上市了，红二荆条辣椒最适合拿来做泡椒，泡好后脆嫩依旧、色泽鲜艳、酸香微辣，是做鱼香味或各种带泡椒味菜肴最佳的辅料。

到了川南地区则是尖椒，即小米辣椒的主产地。新鲜小米辣椒有独特的鲜辣味，辣度也相对较高，特别受川南地区钟爱，因此川南菜品相对于四川其他地区来说辣度明显较高。但基本上还是遵守川菜的最高原则——香和味，虽辣，却是辣得让人想一口接一口。小米椒的菜品多半成菜色泽青红相间，虽朴实又不失精致。

近年在川菜中急速窜起的辣椒就属野山椒，又称朝天椒、指天椒，早期因辣度过高，已影响到享受美食的乐趣而不受青睐，就因辣味在川菜中主要是作为调剂口味、增加味觉层次丰富度的配角。这些年因为泡制后的野山椒具有特殊酸香味且辣味变得醇和一些，才开始在餐饮行业中被接受与使用，现在已经大量使用在菜品中了。泡野山椒其色泽为独特的芥末绿，入口辣而酸，辣味在口中回味持久而深受喜爱。

辣椒有相当多的品种，以上重点介绍川菜中不可缺的三种辣椒，其他常用的还有子弹头辣椒、青美人椒、红美人椒等。接下来重点放在烹调的应用上。

川菜使用辣椒的方式几乎是五花八门，这里就辣椒品种、形态的特点与常用基本工艺加以介绍，是在川菜中应用最广泛的方式。

【干辣椒段】以干辣椒段烹调的成菜辣而不燥、香气扑鼻、辣味悠长。多用在麻辣、香辣、干锅、煳辣、泼辣等味型的菜品中，一些辣味低的味型中也会用干辣椒段作提香增色之用，用途十分广泛。

【粗辣椒粉】一般用于练制红油、老油，帮菜品提色、增色或增加菜品辣度。成菜后色泽红亮，辣味十足。

【细辣椒粉】一般用于相对细致的菜品，用量也较少，所以辣味较为柔和，色泽依然红亮，辣而不烈。一般使用在菜品中有提色、增香的效果，还有就是调制麻辣干碟（味碟）用。

【鲜辣椒段】指将鲜辣椒原料切成 3~3.5 厘米长的段，行业上专用名为"寸段"。在菜品中主要起提色、增色的辅料作用，过油的话还有增香的作用。

【鲜辣椒丁】指将鲜辣椒原料切成 0.8~1 厘米见方的小粒状，又称"小丁"，用来点缀与美化菜品，对部分菜肴可以提色、增香、增味（辣味）。

【鲜辣椒末】将鲜辣椒用刀剁成 0.15 厘米大小、不规则的形状。鲜椒末在菜肴中主要起提鲜辣味，特别是体现红小米辣本身固有的鲜辣味和清香味，也能增加菜肴味碟的色泽。

【炕】将干辣椒放入竹笆段（竹筛）或铁锅中，置于没有明火的灶炉上。中途不停的翻动，以便受热均匀，慢慢将干辣椒的水分烘至极干的一个过程，但是操作的时间较长。分成薄油炕和不带油炕，薄油炕干成型后的干辣椒香气浓醇，辣味厚而不燥；不带油炕干成型后的干辣椒香气纯正，辣味芳香而不燥。

【炒】将干辣椒放入锅中，小火不停地翻炒，炒至干辣椒变焦、脆。然后根据成菜的要求加工成不同规格的粉状。操作的时间短速度快，切忌火力不能过大，火力大容易将辣椒炒焦，从而影响成菜的色泽，容易发黑和口味变苦；炒制的干辣椒一般成型后都需要二次加温使用，成菜的香气纯正而厚重，回味较为柔和。

【刀口辣椒】一般在麻辣味型较重的菜肴中使用较为广泛，如水煮牛肉、干锅虾等。将干花椒 1 份和干辣椒 3 份混合在一起，放入铁锅内置于小火上慢慢炒香，脱干水气至微焦而脆。出锅后用刀把花椒和辣椒剁成碎末状即成刀口辣椒。

擅用葱、姜、蒜

葱、姜、蒜是非常普遍的香辛料，几乎是有烹饪的地方就会用到葱、姜、蒜，但能把葱、姜、蒜用得名满天下的也只有川菜，最著名的就是鱼香味的菜肴，重用葱、姜、蒜再调入酸香、微辣的调料就神奇地创造出鱼香，颠覆味蕾，是中华烹饪中见山不是山，看水不是水这种意境的大众版。

葱在川菜中常用的有三种：一种为棒子般粗的北方大葱，一种为细如海带丝的细香葱，第三种就是粗细居中的青葱。四川地区特别喜爱细香葱的清香味和其精致线条，与另两种葱比起来辛味较低，但香气不分上下，西餐常用的虾夷葱（chives）其实就是源自中国，与四川的细香葱是一家。

葱的使用通常分成两部分——碧绿的葱叶和白皙的葱白，大葱多用葱白主要取其辛香味，也作为提色、增色之用。细香葱则多用葱叶，且用量多半较多，取其鲜葱香，并利用那迷人碧绿来为菜肴增色，书中的菜品"葱香牛肉"就是一道以细香葱的葱香味取胜的佳肴，成菜一眼看去就像被绿油油的满园春色所包覆着。而青葱的使用也很有趣，运用上也夹在中间，葱白、葱叶都用，葱白下锅爆香，葱叶成菜后提香增色。

四川的俗话说："冬吃萝卜夏吃姜，不找医生开药方"，不只是点出姜的最佳食用季节是夏季，也说明了姜具有食疗保健的功效，这是因为姜的辛味厚重能温胃，对开胃提神、增进食欲有极佳的效果。川菜的调味注重个性，个性要鲜明，下料时该重就要重，以突出某一种或多种风味，因此姜辛味就自然成为川菜味型之一，近年更是偏好用仔姜入菜。早期姜的使用以老姜为主，作辛香料使用，因嫩姜碰水气会腐坏，遇干燥失去水分口感就会粗、老，不像老姜只要保持干爽就能保存一段时间。老姜多用以增香除异，或重用以突出姜辛味。早期用仔姜作菜基本为时令菜，也是相对高档的菜，所以仔姜的菜品多出现在知名的姜产区附近。

仔姜在凉菜或热菜方面的运用都比老姜广泛，因老姜辛味浓重容易盖掉其他滋味，且纤维粗不适合直接食用。仔姜就没有这方面的问

题，即使直接食用也是脆嫩化渣、姜香鲜爽、微辛，若是堪称极品的乐山五通桥仔姜，那口感就像水梨一样脆嫩多汁。此外姜有开胃、除湿、驱寒的功效，在炎热的盛夏，特别适合以仔姜调制的凉菜作开胃菜。

说到蒜头，多数人的印象都是可掰成一瓣一瓣的，然而四川地区有一种大蒜却是完整一个，掰不开的，称为独（圆）大蒜，四川人喜欢叫它独独蒜。独大蒜最明显的外观特点为去皮膜后外形还是完整的一个，非一般瓣蒜是一瓣一瓣的。独大蒜味香、浓，不只可当辅料成菜食用，也可以作为成菜装饰，但产量低而价格较高，多用于较高档的菜肴。瓣蒜产量高，味道适中，价格也较低，使用较为普遍，因此有许多以大蒜为主要风味调料的名菜如大蒜烧鲇鱼、大蒜烧肚条等，在高档酒楼就用独蒜，一般餐馆就用瓣蒜。

生大蒜辛辣味浓郁多用于凉菜，且多是切碎后直接调成酱汁或与主食材拌合，最有名的菜品当属"蒜泥白肉"，肥多瘦少的二刀肉片，取辛辣味浓厚的新鲜大蒜末调入些许红油增香、增味制成的蒜泥味酱汁的调和下，口感滋润、鲜香四溢，一点都不腻，让人回味再三。

大蒜炸得色泽黄亮时，又成了另一种风味。原本带点冲的蒜味变得酥香浓郁、入口脆爽，可以当做菜品的主要风味，如"蒜香排骨"，或为多数带酥香味的菜品增加香味与酥脆口感的层次。

特制

川味调料
地道

川菜丰富味型的个性滋味，
皆源自名厨自制的地道川味调料。

各式四川味碟

糖醋生菜碟：用白糖15克、白醋15克、香油3毫升和50克生圆白菜丝拌匀装碟即成。

果酱味碟：什锦果酱15克，草莓果酱10克，哈密瓜果酱10克，白糖15克，大红浙醋14毫升，混合均匀即成。

鲜辣味碟一：红小米辣椒末3克，大蒜末2克，香葱花5克，美极鲜20克，味精5克，混合均匀即成。

鲜辣味碟二：红小米辣椒末10克，大蒜末3克，香葱花10克，生抽10克，辣鲜露10克，味精1克，混合均匀即成。

茄汁味蘸酱：将炒锅置于火炉上，加入色拉油10克，中小火烧至四成热时下番茄酱25克、白糖35克、大红浙醋15克、水淀粉35克搅匀，煮至冒泡亮油时即成茄汁味蘸酱。

麻辣味干碟：川盐1克，辣椒粉15克，花椒粉1克，混合均匀即成。

鲜豆瓣酱味碟：红油豆瓣酱50克，味精10克，白糖3克，香葱花10克，混合均匀即成。

鲜辣味碟三：红小米辣椒末20克，大蒜末10克，花椒粉2克，香葱花3克，美极鲜10克，辣鲜露10克，川盐1克，味精3克，香油5克，热鸡汤50克，混合均匀即成。

香辣味碟：香辣酱35克，香葱花5克，混合均匀即成。

椒盐味碟：川盐1克，味精3克，花椒粉2克，混合均匀即成。

红油的烹制

材料： 纯菜籽油 5400 毫升，辣椒粉（二荆条辣椒）
1000 克，带皮白芝麻 250 克，大葱 150 克，酥花
生仁 100 克，洋葱 100 克，老姜 100 克，香菜 15 克，
芹菜 20 克

香料： 八角 50 克，山奈 10 克，肉桂叶 75 克，小
茴香 100 克，草果 15 克，桂皮 10 克，香草 15 克

做法：

❶ 将纯菜籽油入锅旺火烧熟至发白。关火后再下
　大葱、老姜、洋葱、芹菜、香菜，用热油炸香。

❷ 接着将全部香料下入，炸到香气溢出后，滤去
　全部料渣。

❸ 再开旺火使油温回升至六成热，同时将辣椒粉、
　白芝麻、酥花生仁放入大汤桶中。

❹ 先把 1/5 热油冲入汤桶中，使辣椒粉、白芝麻、
　酥花生仁发涨浸透。

❺ 待其余 4/5 热油的油温降至三成热时，再倒入汤
　桶中搅匀，待冷却后加盖焖 48 小时即成。

刀口辣椒

材料： 干红花椒粒 50 克，干红辣椒 250 克（七星椒）

做法：

❶ 取干红花椒粒、干红辣椒，入锅小火炒香使花
　椒、辣椒变焦褐色至脆后，出锅，铲入大平盘
　中摊开、晾凉。

❷ 将已凉且炒得香脆的花椒、辣椒置于砧板上，
　用刀剁成碎末后即成刀口辣椒。

刀口辣椒油

材料： 干红花椒粒 50 克，
干红辣椒 250 克（七星
椒），菜籽油 800 毫升，
老姜 25 克，大葱 50 克，
洋葱 25 克

做法：

❶ 将纯菜籽油入锅旺火
　烧熟至发白。关火后再下大葱、老姜、洋葱炸
　至香气散出，捞去料渣。

❷ 取干红花椒粒、干红辣椒，入净锅小火炒香使
　花椒、辣椒变焦褐色至脆后，出锅，铲入大平
　盘中摊开、晾凉。

❸ 将已凉且炒得香脆的花椒、辣椒置于砧板上，
　用刀剁成碎末后，置于汤碗或汤锅中。

❹ 将练熟至香的菜籽油再加热至五成热时，倒入
　容器内的刀口辣椒中，边往容器中加入热油边
　用铲子搅动辣椒末，使受热均匀，冷却后即成
　刀口辣椒油。

泡椒油的烹制

材料： 二荆条红泡辣椒 500 克（剁成细末），泡姜 100 克（剁成细末），生姜块 50 克，大葱 100 克，洋葱 50 克，色拉油 2200 毫升

做法：

❶ 色拉油倒入锅中，以大火烧至六成热，下生姜、洋葱、大葱，炸到香气溢出。

❷ 保持大火，滤去油中的生姜、大葱、洋葱等料渣，待油温回升至四成热时，入泡椒末、泡姜末并转小火，用手勺慢慢推炒，约需 2 小时。

❸ 待油中的水蒸气完全挥发，油色红亮，泡椒和泡姜的香气完全溢出后出锅，盛入汤桶内盖紧，焖 48 小时。

❹ 最后滤去油中泡椒和泡姜等料渣，即成泡椒油。

煳辣辣椒油的烹制

材料： 菜籽油 1360 克，干红花椒粒 50 克，干红辣椒 250 克，老姜块 5 克，大葱 8 克，洋葱块 8 克，八角 1 克，肉桂叶 1 克，小茴香 1 克，桂皮 1 克，山奈 1 克，草果 1 个

做法：

❶ 把菜籽油倒入锅中，大火烧至油冒白烟使菜籽油熟透。

❷ 转中火，下入老姜块、大葱、洋葱块、八角、肉桂叶、小茴香、桂皮、山奈、草果炸香。待油温回升至五成热时滤去料渣留油。

❸ 再将干红花椒粒和干红辣椒段入油锅快速炸香，当花椒、辣椒变焦褐色至脆后，随即出锅入大平盘晾凉。锅中的油即香料煳辣油。

❹ 把已冷却且香脆的花椒、辣椒用蔬果调理机搅成碎末，放入干净汤桶中。

❺ 以大火再加热油锅，油温回升至五成热时关火，取 1/3 热油浇在装有辣椒末的汤桶中，适当搅拌一下，使热油浸透辣椒末、花椒末并使其发涨。

❻ 等油锅中其余油的温度降至三成热时，缓缓浇在辣椒上，再加盖焖 48 小时后即成煳辣辣椒油。

四川油辣子

（又名熟油海椒、熟油辣子）

材料： 干红辣椒 250 克（子弹头辣椒），菜籽油 800 毫升，老姜 25 克，大葱 50 克，洋葱 25 克

做法：

❶ 干红辣椒入锅以小火炒香，当辣椒变为焦褐色至脆后，出锅晾凉。

❷ 把已凉且炒得香脆的辣椒用蔬果调理机打成粗辣椒粉，倒入大汤碗内。

❸ 将纯菜籽油入锅旺火烧熟至发白。关火后再下大葱、老姜、洋葱炸香后沥去料渣留油在锅中。

❹ 将练熟至香的菜籽油再加热到五成热，倒入容器内的粗辣椒粉中，搅匀冷却即成。

烹制老油

材料： 菜籽油 5400 毫升，郫县豆瓣末 1000 克，粗辣椒粉 200 克，姜块 100 克，大葱段 100 克，洋葱片 100 克，八角 3 克，小茴香 2 克，香叶 3 克，山奈 1 克，桂皮 0.5 克，香草 0.5 克，草果 1 个

做法：

❶ 菜籽油入锅大火烧至八成热至熟时（无生菜籽的气味儿、色泽由黄变白）。

❷ 下姜块、大葱段、洋葱片炸香，随后将所有香料投入炸香。

❸ 转小火，待油温降至四成热时，下入郫县豆瓣末以小火慢慢炒至水分蒸发至干，油呈红色而发亮，豆瓣渣香酥油润后，再加入粗辣椒粉到锅中炒香出锅，加盖焖 48 小时后即成老油。

姜葱汁

材料： 生姜 10 克，葱 10 克，水 100 毫升

做法：

❶ 用刀背把生姜、葱拍破，置于碗中。

❷ 将水倒入，浸泡约 10 分钟即成。

熬制糖色

材料: 白糖（或冰糖）500 克,色拉油 50 克,水 300 毫升

做法:

将白糖（或冰糖）、色拉油入锅小火慢慢炒至糖融化,糖液的色泽由白变成红亮的糖液,且糖液开始冒大气泡时,加入水熬化即成糖色。

美味秘诀:

炒糖色要炒出香气,但颜色要嫩点,嫩一点的糖色可让成菜红亮回甜;糖色炒老了,颜色太深且容易发苦,影响成菜的口感。

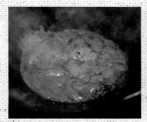 

葱油

材料: 色拉油 550 毫升,大葱段 60 克,洋葱片 60 克

做法:

❶ 将色拉油、大葱段、洋葱片同时倒入锅中。

❷ 先用中火烧热至油面水气沸腾时,转小火慢慢熬制。

❸ 待大葱段发干、水分减少且转为浅褐色时关火,捞去料渣,将油冷却即成。

复制酱油

材料: 红糖 500 克,八角 5 克,肉桂叶 5 克,山奈 2 克,桂皮 2 克,草果 3 个,小茴香 3 克,红酱油 2 瓶,清水 500 毫升

做法:

❶ 将红糖压碎后下入汤锅,再下八角、肉桂叶、山奈、桂皮、草果、小茴香、红酱油、清水,中火煮开后用小火熬煮 30 分钟,沥去料渣,冷却后即成复制酱油。

❷ 熬复制酱油时火力要小,慢慢熬煮至汤汁浓稠,让各种风味有足够的时间融合与浓缩。

花椒油的烹制

材料: 干红花椒 50 克,葱油 270 毫升

做法:

❶ 干红花椒用温水泡 10 分钟后,捞出沥净水分。

❷ 将沥干的花椒下入放有葱油的汤锅中,先大火烧至四成热再转小火慢慢熬制。

❸ 待油面水气减少、花椒味香气四溢时离火。

❹ 待凉后沥去花椒粒即成花椒油。

现磨花椒粉

材料： 干红花椒粒 10 克

做法：

❶ 取干红花椒粒，入锅小火略炒使花椒干、脆后，出锅，铲入大平盘中摊开、晾凉。

❷ 将已凉且炒得干、脆的花椒粒置于研钵内，用力研压成细而均匀的碎末后即成花椒粉。有磨粉机可用磨粉机研磨。

美味秘诀：

❶ 制作花椒粉的花椒要选用香气足、无杂味、麻度够的，增香、提味效果才明显。

❷ 若有烤箱，可用烤箱以 180℃烤 3~5 分钟后晾凉即可。

❸ 要制作青花椒粉则使用干青花椒粒，做法相同。

现磨辣椒粉

材料： 干红辣椒 100 克

做法：

❶ 取干红辣椒，入锅小火炒香辣椒，应避免变色，至干、脆后，出锅，铲入大平盘中摊开、晾冷。

❷ 将已凉且炒得干、脆的辣椒置于研钵内，用力研压成均匀的碎末后即成辣椒粉。有磨粉机可用磨粉机研磨，但要避免过细。

美味秘诀：

❶ 制作辣椒粉的辣椒要选用色泽红亮、香气足、辣味适中的，增香、调味与亮色效果才好。

❷ 若有烤箱，可用烤箱以 180℃烤 3~6 分钟后晾凉即可

❸ 炒至干香的辣椒磨成的辣椒粉，其香气比没有炒制过的辣椒直接磨成的辣椒粉的香气足而浓厚。

现剁椒麻糊

材料： 干红花椒 10 克，香葱叶 50 克

做法：

❶ 干红花椒用温水浸泡 2 小时后，捞起沥干水分。

❷ 先将香葱叶切成碎末后，再加入泡过温水的干红花椒一起用刀剁。

❸ 剁至香葱和干红花椒完全混合并成细蓉状即成椒麻糊。

糍粑辣椒

材料： 干红子弹头辣椒 100 克

做法：

❶ 将子弹头干辣椒去蒂、籽后，入开水锅中煮约 30 分钟至辣椒涨透。

❷ 出锅沥干水分后，放入绞碎机搅成蓉末，即成糍粑辣椒。

美味秘诀： 制作糍粑辣椒的子弹头辣椒要选用色泽红亮、品相良好的，其色泽、香气才佳。

热鸡汤的熬制

（又名鸡高汤、老母鸡汤）

材料： 3年以上、治净的老母鸡1.2千克，水3000毫升

做法：

❶ 炒锅中加入清水至七分满，旺火烧开，将治净后的老母鸡入开水锅氽烫10~20秒后出锅，洗净。

❷ 将氽过水的老母鸡放入紫砂锅内加水3000克，先旺火烧开，再转至微火，加盖炖4~6小时即成。

高级清汤

材料： 鲜高汤5升，猪里脊肉蓉1千克，鸡脯肉蓉2千克，水3000毫升，川盐8克，料酒20毫升

做法：

❶ 取熬好的鲜高汤5升以小火保持微沸，用猪里脊肉蓉加水1000毫升、川盐3克、料酒10毫升稀释、搅匀后冲入汤中，以汤勺搅拌。

❷ 搅5分钟后，捞出已凝结的猪肉蓉饼。

❸ 再用2千克鸡脯肉蓉加水2000毫升、川盐5克、料酒10毫升稀释、搅匀成浆状冲入汤中，以汤勺搅拌。

❹ 搅10分钟后，捞出已凝结的鸡肉蓉饼。

❺ 接着用纱布将鸡肉蓉饼和猪肉蓉饼包在一起，绑住封口后，放入汤中，以小火保持微沸继续吊汤。见乳白的汤清澈见底时即成。

鲜高汤的熬制

（鲜汤）

材料： 猪筒骨（猪大骨）5千克，猪排骨1500克，老母鸡1只，老鸭1只，水35升，姜块250克，大葱250克

做法：

❶ 将猪筒骨、猪排骨、老母鸡、老鸭斩成大件后，入开水锅中氽水烫过，出锅用清水洗净。

❷ 将水35千克、姜块、大葱加入大汤锅后，下猪筒骨、排骨、老母鸡、老鸭大火烧沸熬2小时，转中小火熬2小时即成鲜高汤。

高级浓汤

材料： 老母鸡5千克，老鸭5千克，排骨2千克，猪蹄5千克，赤肉（净瘦肉）3千克，鸡爪2.5千克，金华火腿7.5千克，瑶柱（干贝）500克，水75千克

做法：

❶ 将老母鸡、老鸭、排骨、猪蹄、赤肉、鸡爪、金华火腿、瑶柱处理治净后，入沸水锅中氽水烫过后，装入汤桶内再加水75千克。

❷ 上炉以旺火烧开，旺火炖1小时，转小火炖8小时后，沥净料渣取汤即成。

Sichuan Cuisine

凉菜

川味

【爽口舒心】

大玩视觉与味觉感官游戏是川菜的专长，也是川菜最让人上瘾的地方，如泡椒凤爪，看不到一个辣椒，辣度却相当高；而辣子鸡一上桌全盘都是辣椒、花椒，一副要辣死人的样子，一入口香气第一，麻辣味虽重但只是陪衬香气的配角。因此，就算是麻辣的凉菜，也绝对不会有火辣的感受，只有让人畅快开胃的清麻爽辣的享受。

煮烫工艺 一

适用食材：土公鸡、三黄鸡、乌骨鸡等全鸡

工序：

❶ 准备全鸡一只，经宰杀、拔毛、治净。

❷ 治净的全鸡放入适当大小的锅中，加入冷水到能淹过整只鸡。通常处理干净约 1500 克（未宰杀前约 2500 克）的鸡加 3500 克的水，可依鸡的大小调整水量。

❸ 将放入全鸡与冷水的汤锅上炉火，加入适量葱段、姜片、干辣椒、干花椒等除异增香的香辛料。以步骤 2 为例，加葱段 50 克、姜片 30 克，干辣椒 20 克，干花椒 3 克。

❹ 以大火煮开后转小火，调入适量川盐。以步骤 2 为例，约加 20 克川盐。若需烫煮好的全鸡鸡皮呈亮黄色可加适量姜黄粉，一般是 2~4 克。

❺ 小火煮至鸡肉八成熟时，就要将整锅离火，加盖焖至整锅的全鸡和汤完全冷却。

❻ 完全冷却后，将焖至熟透的全鸡取出晾干水气，即可依菜品需要斩成块、片成片状或剔骨。

美味秘诀：

❶ 凉拌类的鸡肴，一般都要口感嫩而筋道，一定要选用公鸡，公鸡的肉嫩而结实；母鸡肉肥而油重，只能用来煲汤。

❷ 煮时水量必须要能淹没整个鸡肉，且鸡肉一定要冷水就下锅，煮熟后才会嫩而筋道。

❸ 鸡肉煮熟后一定要用原汤浸泡至鸡肉冷却，这样鸡肉成菜嫩、水分充足口感好。

❹ 煮鸡时先在汤里调些川盐，让鸡肉入味，凉拌时鸡肉本身才有底味，食用时口感更香，不会因鸡肉在嘴里嚼久了就没有滋味。

❺ 姜黄粉是纯天然的染色食材，目的是让鸡皮煮熟后更加黄亮，勾起食用者的食欲，可视需求决定添加与否。

❻ 煮鸡时掌握好火力的大小及煮制时间的长短。大火煮透后最好转小火焖煮，这样才能忠实体现土公鸡肉富有弹性的绝佳口感。若煮的时间过长，鸡肉炽软了，不仅不成形，整个口感、滋味的特色全失。

煮烫工艺 二

适用食材：鸡脯肉、鸭脯肉、鹅脯肉

工序：

❶ 将食材洗净，放入有适量姜片、葱段的汤锅中，掺水至六分满，需淹过食材。

❷ 上炉开大火烧沸后转小火，视成菜需求再煮 10~20 分钟，即将整锅离火。

❸ 整锅离火后，保持食材在汤中，依成菜需求浸泡适当时间后，即取出冷却，或加盖焖至汤、肉完全冷却，再捞出食材沥干水分。

煮烫工艺 三

适用食材： 整块的二刀坐臀肉、三线五花肉（三层肉）

工序：

❶ 将整块肉洗净，下入适当大小的汤锅中，加入姜片、葱段。以 1000 克的肉来说，大约加入姜片 15 克、葱段 15 克，也要看加入的冷水量，适当增减。

❷ 汤锅置于炉上，掺入冷水至六分满，开大火烧沸后转小火，煮 8~10 分钟。

❸ 煮至八成熟时，将整个汤锅离火浸泡至肉无血水、熟透后，静置让肉和汤自然冷却，即可依菜品改刀成菜。

美味秘诀：

❶ 精选三成肥肉、七成瘦肉，俗称肥三瘦七的连皮二刀肉，成菜滋润、口感好且成形美观。

❷ 白煮猪肉时最好煮至肉八成熟即可，让肉在原汤的余温中浸泡至熟，并自然冷却，确保过程中猪肉里的肉汁始终呈饱和状态，这样的猪肉色泽更润白。待成菜后肉片吃起来才会滋润多汁、口感细嫩。

白煮工艺 一

适用食材： 带皮羊肉

工序：

❶ 带皮羊肉洗净，入开水锅中汆水后捞起，除净血膜。

❷ 锅中放入汆过水的羊肉，再下适量姜片、葱段、八角、肉桂叶、陈皮等香辛料，掺水至七分满。

❸ 大火煮开后，加盖，转小火焖煮约 2 小时至羊肉的骨与肉能轻松分离后离火。

推荐香料秘方： 姜片 25 克，葱段 25 克，八角 10 克，肉桂叶 10 克，陈皮 2 克，适用约 750 克食材。

白煮工艺 二

适用食材： 兔肉、带皮兔肉

工序 1：

❶ 将食材用流动的水冲、漂尽血水。

❷ 取汤锅上火，掺水至七分满，下食材和搭配的香辛料，先大火煮开再转小火。

❸ 加入适量的川盐、味精或料酒等调味。

❹ 煮约 40 分钟后，沥水晾凉。可依需要调整煮的时间。

美味秘诀：

兔肉入锅煮的时间，一般以兔肉与骨完全可以分离为准。煮得太炖，兔肉缩水严重，口感嫩而不香；煮得不够透，兔肉口感偏硬，若还需炸制，口感就会太硬且发干。

工序 2：

❶ 将食材用流动的水冲、漂尽血水。

❷ 将炒锅上火，掺水至七分满，下姜片、大葱、食材，先大火煮再转小火。随时打去产生的浮沫。

❸ 小火煮约 30 分钟，加盐调味后整锅离火，保持带皮兔肉浸泡在汤中，静置到凉。

❹ 依菜品要求决定是否取出沥水并晾干水气。

美味秘诀：

❶ 市场上买宰杀好的兔肉，烹调前一定要用水浸、泡、冲、漂将血水去除，兼除膻味，煮好的兔肉才会润白味美，否则煮好的兔肉会发黑、转暗，成菜没有光泽、不悦目，风味也较差。

❷ 不能用大火直接将兔肉煮熟，肉质会变老，要用小火慢慢焖煮才会细嫩。

❸ 煮熟的兔肉在多数情形中要在汤汁里浸泡至冷，成菜后兔肉才嫩、口感才鲜、肉汁才够滋润。若是煮熟就捞起冷却，过程中兔肉会散失水分，肉质就比较粗糙。

白煮工艺 三

适用食材： 猪耳朵、猪尾巴、凤爪

工序：

❶ 将食材处理干净，包含去毛、改刀斩成小件，接着用水冲洗、浸泡、去净血水。

❷ 将洗净的食材下入有姜片、大葱段的锅中。掺水至六分满。一般食材总重量1500克左右，加姜片、大葱段各约30克，可适当增减。

❸ 转大火煮开后打去浮沫，再转为小火，依食材或成菜口感需求控制煮的时间至食材熟透。

❹ 随即将熟透的食材捞出锅入凉水中漂净、凉透，即可依菜品需求进一步调制。

美味秘诀：

白煮猪耳若是需要片成片状，就需在猪耳熟透后即刻取出，趁热用平板加重物，将熟后的猪耳重压至猪耳凉透，猪耳就会平整，方便刀工处理使成菜工整美观。

白煮工艺 四

适用食材： 牛头皮、牛肉、牛大肚、牛心、牛舌

工序：

❶ 将食材入沸水锅中汆一下。

❷ 捞起后，将食材外表上的筋、膜等刮洗干净。

❸ 将刮洗干净的食材置于汤锅中，一般2500克左右的食材掺水约10升至淹过所有食材。

❹ 下入姜片、大葱段和依菜品需求调制的香料包，上炉，转大火煮开后，打去浮沫。

❺ 此时加入适量川盐、味精调味，转小火。以步骤3的食材与水量，约加川盐8克、味精5克。

❻ 煮约90分钟后，先将牛肉、牛大肚、牛心、牛舌捞出，晾干水气，放至凉透，再分别依需要改刀，切成片、薄片或其他形式。

❼ 牛头皮则留在锅中继续用小火煮2~3小时，至巴软后出锅，静置凉透后再依需要改刀。

夫妻肺片香料包：

将八角10克，肉桂叶20克，小茴香5克，山奈5克，草果5个，干辣椒10克，干花椒3克等香料用纱布包起即成。

豆豉酱汁

材料： 永川豆豉20克，香辣酱30克，川盐1克，味精5克，白糖3克，姜末5克，蒜末5克，鲜高汤50克，色拉油30毫升

工序：

❶ 将永川豆豉剁细呈末。

❷ 取炒锅上炉，加入色拉油，中火烧至四成热时，下豆豉末、香辣酱、姜末、蒜末炒香。

❸ 烹入鲜高汤，加入川盐、味精、白糖调味，中火炒到香气四溢即可舀入盆中。

❹ 盆中炒好的豆豉酱静置约6小时，即成豆豉酱汁。

美味秘诀：

豆豉酱至少要静置6小时再用，以使各种风味相融合，这样成菜的豆豉香气才会浓郁有层次。

烧椒汁

材料： 青二荆条辣椒 150 克，川盐 2 克，味精 4 克，生抽 15 克，香油 10 克，红油 20 克

工序：

❶ 将青二荆条辣椒去蒂后，用炭火将外皮烧焦至熟。

❷ 去除焦熟的外皮与辣椒籽，再用刀将辣椒肉剁成末，放入大碗中。

❸ 调入川盐、味精、生抽、香油、红油，搅匀即成烧椒汁半成品。

❹ 使用时再加入适量的蒜末搅匀即可。

美味秘诀：

❶ 在烧二荆条辣椒时如没有木炭火、柴火烧，可以将铁锅烧红后将辣椒放在锅里煸炒，煸至外皮呈虎皮状即可，但这样煸炒出来的烧椒少了直接在木炭火、柴火上烧的炭香或柴香气，风味差很多。

❷ 切忌将辣椒放在燃气炉上直接烧，燃气多半带有毒性物质，会附着在辣椒上，食用后可能引起食物中毒。

❸ 盐一定要加够，成菜口味才醇厚不腻，风格明显。

猪皮冻的制作

材料： 猪蹄 4 只，猪皮 500 克，姜片 50 克，大葱 50 克，冷水 5000 毫升

工序：

❶ 猪皮、猪蹄下入开水锅中汆水后捞起。

❷ 将汆水后的猪皮、猪蹄放入汤锅，加姜片、大葱并掺冷水，须淹过猪皮和猪蹄。

❸ 大火烧开再转小火焖煮 6 小时至猪皮、猪蹄的胶质完全释出，汤汁呈浓稠状。

❹ 捞去呈浓稠状汤汁中的猪皮、骨渣滓等不用，浓稠状汤汁冷却后即是猪皮冻。若要成菜应趁汤汁还热烫、呈浓稠状时将需加入的食材、调辅料依序调入。

美味秘诀：

掌握好皮冻汁的熬制，注意火候的火力不宜过大，以免煳锅，汤汁变味。盐要加够，成菜口味才醇厚不腻，风格明显。

白卤工艺 一

适用食材： 小牛腱肉、牛后腿肉、鸭脯肉

工序：

❶ 将食材洗净入锅，放入香料包，再加适量川盐、味精调味，加姜片、大葱段除异增香。

❷ 掺水六分满后上火，先大火烧开，转小火，依口感需求煮适当时间，一般约 40 分钟，整锅离火加盖焖至完全冷却。

❸ 食材若为鸭脯肉于使用前再从汤中取出即可。

❹ 小牛腱肉、牛后腿肉则应及时取出，晾干外表水气。

小牛腱肉香料包：

取纱布袋装入八角 5 克、肉桂叶 10 克、小茴香 5 克、干花椒 5 克、干辣椒 15 克后绑紧袋口即成。

牛后腿肉香料包：

取纱布袋装入八角 5 克、肉桂叶 10 克、山奈 3 克、小茴香 10 克、干花椒 3 克、干辣椒 10 克后绑紧袋口即成。

鸭脯肉香料包：

取纱布袋装入八角 8 克、肉桂叶 5 克、山奈 3 克、小茴香 10 克、桂皮 5 克、干辣椒 10 克、干花椒 5 克后绑紧袋口即成。

白卤工艺 二

适用食材：猪蹄

工序：

❶ 先将食材去净残毛，再于清水中漂尽血水。

❷ 把食材下入有姜片 25 克、葱段 25 克、香料包的锅中，掺水至六分满先大火煮开。

❸ 再转小火煮约 2 小时至猪蹄皮炖软、肉可离骨即可。

❹ 卤好后应及时将食材捞出散置于大盘中，晾凉。

猪蹄香料包：

取纱布袋装入八角 5 克、肉桂叶 10 克、小茴香 5 克、干辣椒 5 克、干花椒 1 克后绑紧袋口即成。适用约 750 克的食材。

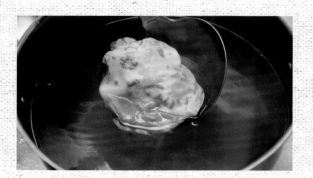

川味红卤水做法

材料： 姜片 50 克，大葱段 250 克，干辣椒 100 克，干花椒 50 克，川盐 500 克，味精 20 克，白糖（或冰糖）750 克，老母鸡 1250 克，老鸭 1500 克，猪排骨 1500 克，猪蹄 1500 克，猪棒子骨 2000 克，鸡油 1500 克，鲜高汤 20 升，色拉油 100 毫升

香料： 八角 50 克，山奈 15 克，桂皮 20 克，香叶 75 克，小茴香 50 克，香草 25 克，草果 20 克，香茅 20 克，白寇 25 克

做法：

❶ 将老母鸡、老鸭子、猪排骨、猪蹄、猪棒子骨放入开水锅中煮透后捞出，以流动的清水漂净血沫。全部装入高汤桶中。

❷ 将香料入开水锅中汆水，出锅洗净后，装入香料袋内成香料包。

❸ 炒锅上小火，倒入色拉油，下白糖炒至融化成糖色。接着加入 20 千克鲜高汤用大火烧沸。倒入步骤 1 的高汤桶中。

❹ 将步骤 2 的香料包放入高汤桶中，加入鸡油，小火熬煮 6~8 小时。

❺ 熬煮好后，下入姜片、大葱段、干辣椒、干花椒，以小火再熬煮约 20 分钟。

❻ 最后调入川盐、味精调味，续煮约 30 分钟即成川味卤水。

卤制工艺

适用食材：牛腱子、猪拱嘴、猪耳朵、猪头核桃肉、猪尾巴、猪舌、鸭舌、豆腐干

工序：

❶ 将需除毛的食材先治净，再和其他食材入开水锅中汆水烫过后捞起。其中猪拱嘴要煮至熟透。

❷ 做牛肉干则牛肉需先腌渍，做法是将牛后腿肉放入盆中（以500克为例），用川盐3克、味精3克、料酒20克、姜片、大葱段码匀后封起来；置于冰箱冷藏室腌制5天左右。

❸ 仔细将汆过水的食材上的杂质刮洗干净后，放入红卤水锅内，开大火煮滚后转小火。

❹ 依卤制的食材量加适量川盐、味精入红卤水调味。

❺ 依不同食材以小火卤制适当时间，出锅沥干水气，放凉。

❻ 最后再将豆腐干入红卤水锅中卤制约10分钟即可出锅。

美味秘诀：

❶ 原料在卤制之前必须先汆水，可以去除部分腥味。汆烫过程中随时去净汤中浮沫，可进一步减少腥膻等异味。

❷ 掌握卤水的色泽深、浅程度，是保证成品色泽的关键。

❸ **卤制时间：**牛腱子、猪拱嘴、猪耳朵、猪尾巴、猪舌等一般需卤40分钟左右，可依口感需求增减卤制时间，如牛腱子即牛肉干用的牛后腿肉要达到炟软口感就需卤约90分钟。

鸭舌、豆腐干等食材多半只需10~20分钟，其中豆腐干本身无脂香味，建议待肉类食材卤好后再卤豆腐干，风味更佳。

❹ 火候部分建议依食材做适当调整，如牛腱子肉以中小火卤制效果较佳，鸭舌则应小火焖卤口感较好。

❺ 猪嘴在选料时应选大小均匀，肉厚薄一致的。

❻ 猪嘴皮上的残毛一定要除净，否则影响食欲。生猪嘴皮上的残毛较难拔除干净，可以先汆烫，拔除净残毛就相对容易。

❼ 要注意火候的大小，火力大容易减少卤水汤汁，使得卤水的色泽加深，造成成菜的色泽发黑，肉容易煮烂；火小则卤制的时间拉长，效率不高。

酱制工艺

适用食材：三层肉、猪蹄、鸭脯、去皮兔、鸭舌

工序：

❶ 于汤碗中调制适量酱肉专用酱汁。

❷ 将依成菜需求处理过的食材穿上绳子，洗净后擦干，再晾起风干水气。

❸ 把调好的酱肉专用酱汁均匀涂抹在食材上，再叠置于深盆中。

❹ 将抹好酱汁的食材装在深盆中密封，放入冰箱冷藏腌制，7天后取出。

❺ 将腌制好的食材取出，一一悬吊于阴凉通风处，一般需晾吹7~10天至水气全干即成。

❻ 若是鸭舌之类小食材，于腌制入味后散置于平盘中，一样于阴凉通风处晾吹7~10天至水气全干即成。

【酱制专用酱汁秘方】

酱鸭脯：甜面酱150克，醪糟10克，白糖15克，花椒粉2克，川盐2克，味精5克

酱板兔：甜面酱150克，醪糟50克，白糖5克，花椒粉5克，料酒10克，川盐5克，味精5克（适用去皮兔1500克）

酱鸭舌：甜面酱50克，醪糟10克，白糖5克，花椒粉2克，川盐1克，味精5克

酱肉：甜面酱300克，醪糟50克，白糖30克，川盐5克，味精10克，鸡精10克

美味秘诀：

❶ 酱肉的美味关键在于确保做好流程中的每一个步骤及腌制酱料的比例。

② 选择传统工艺酿制的调味料调制出的酱料，其味才够浓厚，才能让腌制好的成品酱香味浓郁。

③ 涂抹酱肉专用酱汁时需让食材的每一个面与缝隙都涂抹到，一来可入味均匀，二来可避免长时间腌制时，未涂抹到的地方腐败。

④ 酱料抹在食材上以后，腌制的时间要够长，必须等到酱料充分腌入味后，才能置于通风处晾吹或进入烘炉内烘干。成菜后酱味才浓郁，色泽才更加红亮。

⑤ 选择鸭脯肉时要选带皮且厚度均匀的，酱料码制的时间应稍长一点，最少在7天以上。

⑥ 食材以酱腌制完后一定要置于阴凉通风处完全风干或用烘炉烘干水分，否则成菜不干香、红亮，也不耐储存。

⑦ 兔肉膻味较重，酱制前要先洗净，再用姜片、大葱段、料酒码味6小时后再酱制。先码味去腥可让兔肉更易入味、鲜香。

⑧ 去皮兔肉不易沾住酱汁，因此要多涂抹几次酱汁再腌。一般是抹上一层后挂起风干酱料表面，再抹上一层，共需反复抹上3次酱料才能裹上足够酱汁入味。

⑨ 酱鸭舌前需将鸭舌入开水锅中汆水后立即出锅，去净舌苔，沥干水分再酱制。

⑩ 酱制如三层肉这类大而厚的食材时，要加长腌制时间并多涂抹一次酱汁，才能完全入味。一般于密封冷藏腌制3天后，取出来再抹上一层酱制专用酱汁，再放回盆内密封冷藏腌制5天。

熏制工艺

适用食材： 香肠、排骨等

烟熏材料： 柏树桠、松树锯木屑、花生壳、柳丁皮、甘蔗皮等，可依所需风味调整。

工序：

① 用木板等平板材料在烟熏材料焖烧的位置搭一个相对封闭的空间作为烟熏房。

② 将食材依需求做好前加工，穿上绳子，方便悬挂。

③ 将悬挂好的食材移至烟熏房中混合好的烟熏材料上方后点火，但必须保持焖烧冒浓烟的状态，利用此浓烟熏制食材。

④ 一般香肠生胚要熏制5~6天，香肠整体干透后即成。猪排骨要熏制7~12天，直到排骨外表熏黄且水气干。

美味秘诀：

① 掌握烟熏食材的生加工方法和程序，调味料的用量比例及腌制的时间，每一步都关系到成菜的美味与否。

② 熏制时要保持烟量足够且不能有明火出现，否则就不是熏而是烤，排骨会被烤熟变柴，且没有浓郁的烟香味。

③ 熏制好的成品，建议另挂于通风处晾起，保持干爽可延长保存时间，且风味不减。

酸酸鸡

入口细嫩，酸辣可口

味型：酸辣味

烹调技法：煮、斩、淋

原料：
烫熟凉土公鸡 1/4 只（约 250 克）（做法见第 28 页煮烫工艺一），洋葱 50 克，红小米辣椒 15 克，香葱花 3 克

调味料：
味精 2 克，香油 10 克，红油 25 克，小米辣椒酸汤 300 克（做法见第 116 页）

做法：

❶ 洋葱切成丝垫于深盘底；红小米辣椒切成长 1 厘米的段。

❷ 取 1/4 煮熟的土公鸡，剔去大骨再斩成小一字条状，将鸡肉铺盖在洋葱丝上。

❸ 取 300 克酸汤调入味精、香油、红小米辣椒段后灌入深盘的鸡肉内，浇上红油，撒上香葱花即可上桌。

在川南的乐山、自贡、宜宾、泸州一带，对味型的偏好多以酸辣味型居多，特别突出的是鲜辣味，加上川南盛产小米辣椒，所以无论是热菜或是凉菜，小米辣椒和醋的应用可说是淋漓尽致。此道酸酸鸡是川南滋味特色菜，入口微酸、微辣而鲜，作为开胃凉菜上桌，可以立即启动餐桌上每个人的味蕾，让人食欲大开。

【美味秘诀】

❶ 酸汤要用放凉冰镇过的，滋味更醇和。

❷ 凉拌类的鸡肴，一般都重视口感的嫩而筋道，一定要选用公鸡，其肉嫩而结实。

❸ 煮鸡时记得先调些盐入味，凉拌时鸡肉才有底味，成菜后口感更香，鸡肉也不会久嚼就无味了。

❹ 此菜品适合整批或大量制作，能快速出菜，因其调味可以量化加上可预先备料，操作也方便简易。

煮烫鸡肉专用香辛料配方：
姜 30 克，大葱 50 克，干辣椒 20 克，干花椒 3 克，川盐 20 克，姜黄粉 3 克。适用于 1800 克左右的全鸡。

菜品变化：
酸汤鸭掌、酸汤蕨根粉、酸汤牛肉等。

凉菜
2.

红油鸡片

色泽红亮，入口回甜，咸鲜微辣

味型： 红油味
烹调技法： 煮、拌

红油味是川味凉菜中较为常用的味型之一。其色泽红亮、入口回甜、咸鲜微辣。红油可说是川味凉菜香美的关键，要想做好川味凉菜，就得学会红油的制作方法，会做还要做得好并懂得如何微调出属于自己特色的色、香、味，才能让同一道凉菜到了你手中，味道硬是美上一大截，套句老成都人面对极品美食的话："那真是不摆了！"

原料：
煮熟土公鸡腿 2 只（约 250 克）（做法见第 28 页煮烫工艺一），大葱 2 段，香葱花 5 克

调味料：
川盐 2 克，味精 2 克，白糖 8 克，酱油 10 克，香油 10 克，红油 50 克，姜蒜水 35 克（做法同第 22 页姜葱汁）

做法：

❶ 取煮熟土公鸡腿，先去大骨，再用刀片成 0.2 厘米厚的片。

❷ 大葱切成 2 厘米的菱形片。

❸ 将调料入搅拌盆中搅匀，成红油味汁。

❹ 将切好的鸡片、大葱放入有红油味汁的搅拌盆内，和匀后装盘，点缀香葱花即可。

【美味秘诀】

❶ 凉拌类的鸡肴一定要选用公鸡，公鸡肉嫩而结实，口感嫩而筋道。

❷ 凉菜好吃与否跟红油的香味层次与丰富度有很大关系。因此一定要掌握好红油的制作方法与选料。

❸ 煮鸡时先在汤里调些川盐，让鸡肉入味。否则鸡肉在嘴里嚼久就无味了。

煮烫鸡肉专用香辛料配方
姜 10 克，大葱 100 克，干辣椒 15 克，干花椒 5 克，八角 5 克，肉桂叶 10 克，小茴香 5 克，桂皮 3 克，川盐 20 克，味精 3 克。适用于 1800 克左右的全鸡。

菜品变化：
红油耳片、红汤牛肉、红汤鹅肠等。

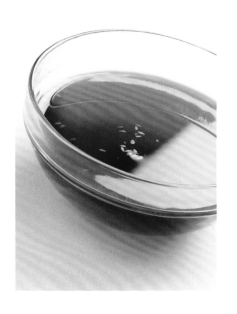

攀西坨坨鸡

粗犷大气，鲜辣味浓

· ·

味型： 鲜辣味
烹调技法： 煮、拌

攀枝花以西，是少数民族彝族的聚居地，当段庆祭祀或宴请宾客时，总要将肉切成大块大块的，放在大盘中端上桌，以表示最高的尊敬与欢迎，而这一大盘肉因而被称之为"坨坨肉"，不限定何种禽畜，但基本上越大的，诚意越高，也象征被宴请的人身份越高。其次因生活在海拔较高的山区，气候偏湿冷，形成喜欢吃辣的饮食习惯，煳辣味是该地区最受欢迎的风味。此菜品就在传统坨坨肉的风味基础上改用现今风行的小米辣椒和鲜青花椒，突出鲜辣与爽麻香，是一道增进食欲、畅快淋漓的菜品。

原料：
刚煮熟、热烫的乌骨鸡200克（做法见第28页煮烫工艺一），洋葱20克，粗蒜蓉25克，鲜青花椒50克，小米辣椒30克，香葱25克，香菜段10克

调味料：
川盐2克，味精2克，白糖2克，生抽10克，藤椒油10克，香油15克

做法：

❶ 将洋葱切成丝，小米辣椒对剖，切成2厘米长的段，香葱切成3厘米长的段。

❷ 煮熟的乌骨鸡趁热斩成长3.5厘米、宽2.5厘米的块状，纳入盆中。

❸ 趁鸡块还热时调入小米辣椒、粗蒜蓉、川盐、味精、白糖、生抽、鲜青花椒、藤椒油、香油后，快速拌匀再加盖焖至鸡肉完全冷却。

❹ 将冷却后的鸡块加入洋葱丝、香菜、香葱段拌匀即可装盘享用。

【美味秘诀】

❶ 小米辣椒、蒜蓉、藤椒油、鲜青花椒等味浓的调味料需要通过热拌，其鲜辣味才能渗透到鸡肉里面。

❷ 香菜、香葱、洋葱要等凉后，出菜前再拌入菜中，保持香菜、香葱、洋葱新鲜与翠绿，并突显其鲜香气。

❸ 当需要大量出菜时，鸡肉也可以晾干水气后再斩成块状，但此菜一定要趁鸡块热时拌入调料，成菜的鲜辣味才浓厚，因此拌制前，鸡肉块要再次入汤锅中煮至热烫。此工序的好处是刀工成形整齐美观，方便大量制作，但因二次的煮烫，鸡肉的肉质、口感、鲜甜度都会较一次成菜略差。

煮烫鸡肉专用香辛料配方：
姜块15克、葱段20克、川盐20克。适用于1800克左右的全鸡。

菜品变化：
米椒牛肉、葱椒鸡、剁椒鸡杂等。

凉山州彝族传统美食——坨坨肉

凉菜
4.

麻辣鸡块

色泽红亮，麻辣味浓厚

味型： 麻辣味
烹调技法： 煮、拌

　　川菜以"一菜一格，百菜百味"的特点风行各地，其中又以麻辣口味最为突出、鲜明，几乎成了川菜的标志性风味。这道菜品将让您体验四川麻辣的美妙，除了要"麻"得唇齿跳舞，"辣"的轰轰烈烈外，细致的辣香味、麻香味要能飘香持久，滋味要回味悠长，让人品尝后就无法忘怀。

原料：
煮熟土公鸡肉约 250 克（做法见第 28 页煮烫工艺一），大葱 10 克，香葱花 5 克

调味料：
川盐 2 克，味精 4 克，白糖 3 克，酱油 10 克，陈醋 2 克，花椒粉 10 克，刀口辣椒油 20 克，香油 10 克，红油 40 克

做法：

❶ 将约 250 克的熟土公鸡肉斩成 2.5 厘米见方的块；大葱切成 1.5 厘米的丁。

❷ 将川盐、味精、白糖、酱油、陈醋、花椒粉、刀口辣椒油、香油、红油放入搅拌盆中搅匀后，放入鸡块、大葱丁拌匀，撒香葱花，即可装盘成菜。

煮烫鸡肉专用香辛料配方：
姜片 10 克，葱段 15 克，干辣椒 15 克，干花椒 5 克，八角 5 克，肉桂叶 10 克，桂皮 5 克，小茴香 3 克，川盐 20 克，味精 6 克。适用于 1800 克左右的全鸡。

菜品变化：
麻辣肚片、麻辣牛肉、麻辣泥鳅等。

【美味秘诀】

❶ 公鸡肉嫩而结实，因此凉拌类鸡肴务必选用公鸡烹制。

❷ 适当运用刀口辣椒油的浓厚麻辣香气，菜品整体口味特色会更鲜明，色泽更红亮。

❸ 重点突出麻和辣的特色，但必须要麻辣味柔和，因此要熟悉麻辣味汁的调制比例。如此才能避免过麻、过辣而压过鸡肉的鲜甜味。

花仁拌兔丁

色泽红亮，肉质细嫩，豆豉酱浓郁

味型： 麻辣豆豉味
烹调技法： 煮、斩、拌

原料：

煮熟去皮兔 200 克（做法见第 29 页白煮工艺二，工序 1 ），
大葱 50 克，酥花生 75 克，香葱花 5 克

调味料：

豆豉酱汁 50 克（做法见第 30 页），味精 3 克，白糖 2 克，
酱油 10 克，香油 10 克，红油 20 克

做法：

❶ 将凉兔肉斩成 1.5 厘米的丁状；大葱切成 1 厘米的丁。

❷ 取豆豉酱汁入盆，用味精、白糖、酱油、香油、红油调味
后，下兔肉丁、大葱丁、酥花生拌匀装盘，点缀香葱花即
成菜。

　　四川人喜欢吃兔，但川南自贡
人更会吃，也善做各种兔类菜肴。
将兔从头到尾、从内至外烹制成各
种美味佳肴。卤的有麻辣兔头、五
香兔头；炒的有仔姜兔肚、鲜锅兔；
拌的有蘸水兔、手撕兔、拌兔丁；
干锅的有干锅兔、烤全兔、逍遥兔
腿等。

【美味秘诀】
豆豉酱汁一定要提前炒好，不能现炒
现拌，否则成菜的豆豉香气单调而无
层次。

白煮兔肉专用香辛料配方：
姜片 10 克，葱段 10 克，川盐 20 克，
适用白煮约 250 克的生兔肉。

菜品变化：
红油兔丁、怪味兔丁、花椒兔丁等。

凉菜
6.

酥皮豆豉兔

入口酥香，豆豉味浓郁，色泽黄亮

味型： 豆豉味

烹调技法： 炸收

原料：

煮熟带皮兔肉 300 克（做法见第 29 页白煮工艺二，工序 1），永川豆豉 300 克，姜末 15 克，蒜末 20 克

调味料：

川盐 3 克，味精 4 克，料酒 10 克，香油 10 克，色拉油 100 克

做法：

❶ 取净炒锅上火，倒入色拉油至六分满，用大火烧到五成热，将煮熟的兔肉下入油锅中，以中大火慢炸至兔肉黄亮干香后出锅沥油。

❷ 炸干香的兔肉冷却后，用手撕成小块，入盆。

❸ 另取净炒锅上火，加入色拉油 100 克，中火烧至五成热时，下豆豉、姜末、蒜末炒香。

❹ 用川盐、味精、料酒、香油调味后，出锅倒入装有兔肉的盆中，搅拌均匀后用保鲜膜封紧，不能走气。

❺ 将封紧的豆豉兔上蒸笼，大火蒸约 30 分钟后整盆取出静置。待完全冷却后才能揭开保鲜膜并装盘成菜。

【美味秘诀】

❶ 若时间充裕，煮兔肉前最好用川盐、味精、料酒、姜蒜末、大葱等码味 3 小时，不仅能更有效地除腥，还能为兔肉增鲜，风味更好。

❷ 豆豉炒香后最好密封，再上蒸笼隔汽蒸约 30 分钟，逼出豆豉香，成菜后干香的风味才鲜明。别的像豆豉鲫鱼的做法，因为采下锅加汤收汁的成菜方式，就没有豆豉干香的特点。

白煮兔肉专用香辛料配方：

姜块 50 克，大葱 50 克，八角 10 克，肉桂叶 5 克，小茴香 5 克，干辣椒 10 克，干花椒 3 克，川盐 20 克，味精 6 克，料酒 10 克。适用约 400 克的生兔肉。

菜品变化：

豆豉鲫鱼、豆豉鲮鱼、豆豉肉丁等。

传统川味凉菜中，炸收菜品相对较多，这是因为早期没有冰箱等保鲜设备，需要通过烹调技术延长食物保存时间，在兼顾美食享受的需求下，"炸收"技法就被广为使用。所谓炸收即先将原料在油锅中炸干水气，再上火，调入味汁，自然收汁成菜。成菜后干香、酥脆爽口、口味分明、利于存放，对餐馆来说更有出菜速度快的优点。此菜借鉴"豆豉鲫鱼"的做法与风味，将兔肉煮入味至熟后，下油锅炸至干香酥脆，再加入炒香的豆豉一起上蒸笼蒸至入味，晾凉成菜。

鳝丝荞面

入口滑爽细嫩，酸辣开胃

味型：酸辣味
烹调技法：拌

　　鳝鱼大多以热菜的方式成菜，做成凉菜的较少，因鳝鱼本身的泥腥味较重，成菜也就多以味浓味厚来呈现，以达到压腥的目的。基于鳝鱼的特性，加上要做成凉菜，又少了热力将香辛料的除异增香成分激发出来，所以此菜对鳝鱼新鲜度与处理的要求就相对严格。

原料：

理净的鳝鱼肉 75 克，荞面 20 克，香葱花 5 克，小米辣椒 5 克，川味卤水 1 锅（约 2500 克）（做法见第 32 页）

调味料：

川盐 2 克，味精 5 克，白糖 5 克，陈醋 20 克，鲜高汤 100 克，香油 10 克，红油 30 克

做法：

❶ 荞面用开水涨发 2 小时，使荞面吸水完全发透。

❷ 将理净的鳝鱼肉切成二粗丝后冲净血水。入卤水锅中煮至断生后捞出置于深盘中，舀适量的卤水将鳝鱼丝浸泡着。

❸ 小米辣椒切成 0.5 厘米的圈。

❹ 将川盐、味精、白糖、陈醋、鲜高汤、香油、红油加入汤碗中，调成酸辣味汁。

❺ 将发好的荞面沥水垫于深盘底，鳝鱼沥干卤水后盖放在荞面上面。将调好的酸辣味汁淋入，撒入小米辣椒圈、香葱花成菜。

【美味秘诀】

❶ 选用食指粗（约 1.5 厘米粗）的鳝鱼为宜，肉质口感佳，切成的丝也比较均匀。

❷ 荞面面条一定要完全涨发，吃的时候口感才会滑爽，不会有硬心硌牙。

❸ 确保成菜口感好、造型美观的关键，就是一种原料摆好后再摆另一种原料，然后灌入汤汁，食用时才抄起、拌匀。

菜品变化：

五彩拌鸡丝、红油三丝、酸辣蕨根粉等。

凉菜

8.

鸡丝凉面

凉面劲柔鲜辣，回味酸香爽口

味型·鲜辣味

烹调技法·拌

鸡丝凉面

凉面劲柔鲜辣，回味酸香爽口

味型：鲜辣味
烹调技法：拌

一般认为面食在北方食用较为广泛，其实四川地区食用面食的历史也相当悠久，唐朝时就有让杜甫回味再三的"槐叶冷淘"，以槐叶汁调味的冷面食。所以说四川地区食用面食的方法和品种是数不胜数。川西盆地夏季闷热，总让人没胃口，这时来上一碗酸辣微甜的可口凉面，刺激味蕾，增强食欲。以川味、川人的饮食习惯来说，凉面既可以当休闲食品又可以当主食来食用。

原料：
盐焗鸡肉 100 克（做法见第 71 页，手撕盐焗鸡），小麦面条 100 克，小米辣椒 20 克，大蒜末 10 克，香葱花 10 克，酥花生碎 25 克，绿豆芽 50 克

调味料：
川盐 1 克，酱油 10 克，辣鲜露 20 克，陈醋 35 克，味精 5 克，白糖 10 克，香油 15 克，红油 30 克，生菜籽油 50 克

做法：

❶ 将盐焗鸡肉撕成二粗丝；小米辣椒剁成碎末。绿豆芽入开水锅中氽水出锅晾凉垫底。

❷ 取净炒锅上火，加水掺至六分满，大火烧开后下小麦面条，煮约 30 秒至面条六成熟时捞出沥水，置于大盆中，加入生菜籽油拌匀后用电风扇直接吹凉。

❸ 将凉面盖在豆芽上，铺上盐焗鸡丝。

❹ 将川盐、酱油、辣鲜露、陈醋、味精、白糖、香油、红油、小米辣椒末、大蒜末加入碗中调匀后淋在鸡丝上，再撒入酥花生碎、香葱花即可享用。

【美味秘诀】

❶ 做凉面时，煮面的开水量要多、火力要大，面条下锅煮的时间要短，才能避免凉面过炉，而使口感绵烂。

❷ 刚煮好的面条出锅后要先用油拌匀，以免相互粘连。其次要用电风扇快速降温并吹干水气，以避免面条的余热和水气持续在面条上作用，最后使凉面过软。

❸ 装盘时分层次装较为赏心悦目，食用时再拌匀即成。

❹ 没有盐焗鸡肉时可用白煮鸡肉替代。

菜品变化：
凉面鸭丝、怪味凉面、酸辣凉面等。

盖浇牛肉

入口微辣，烧椒味浓郁

味型：烧椒味
烹调技法：卤、拌、淋

　　"烧椒"是乡间农家人下饭的良伴，在炎热的夏天，绿油油的二荆条辣椒挂上枝头，摘下两、三串辣椒，用竹扦串好放在柴火上烧焦成虎皮状，然后取出竹扦放入石窝臼内捣碎成糊状，加川盐、菜油拌匀即可食用。此菜品以烧椒汁搭配牛腱肉，一入口，辣椒的微辣清香、烧焦的煳香味顿时与肉香相融而在唇齿之间回荡。

原料：
白卤小牛腱肉 150 克（做法见第 31 页，白卤工艺一），南瓜 300 克，烧椒汁 200 克（做法见第 31 页），蒜末 25 克

调味料：
川盐 2 克，味精 4 克，生抽 15 克，香油 10 克，红油 20 克

做法：

❶ 南瓜去皮切成 2.5 厘米的丁，上蒸笼蒸约 15 分钟至南瓜丁粑糯，冷却后铺垫于盘底。

❷ 将冷却的熟小牛腱肉切成 0.3 厘米厚的片，盖于粑糯的南瓜丁上面。

❸ 取烧椒汁加入蒜末、调料搅匀后淋在盘中的牛腱肉上就是美味好菜了。

【美味秘诀】
烧椒汁可以不用红油改为生菜籽油或香油拌匀，这样又是别样风味。

菜品变化：
青椒皮蛋、烧椒鹅肠、烧椒拌海肠等。

干拌牛肉

入口干香，麻辣味厚重

味型：麻辣味
烹调技法：卤、干拌

"干拌"一词在川味料理中，即将原料卤制好后切片加入干辣椒粉、花椒粉、酥花生碎、熟芝麻等干香、辛辣调味料拌匀，不加或加少量油脂成菜。特点是入口麻辣干香、回味悠长，是佐酒、休闲的最佳美食。

原料：
白卤牛后腿肉 200 克（做法见第 31 页，白卤工艺一），香菜 50 克，小米辣椒 20 克，香葱段 20 克，干辣椒粉 20 克，花椒粉 5 克，香酥椒末 30 克，酥花生碎 50 克，熟芝麻 20 克

调味料：
川盐 1 克，味精 2 克，香油 20 克

做法：

❶ 将冷却、晾干的白卤牛后腿肉切成片，香菜切成段，小米辣椒对剖再切成 1.5 厘米长的段。

❷ 将牛肉片放入盆中，加川盐、味精、干辣椒粉、花椒粉、香酥椒末、酥花生碎、熟芝麻搅匀。

❸ 再放入香菜、小米辣椒段、香葱段、香油轻拌均匀，即可装盘成菜。

【美味秘诀】

❶ 制此菜的牛肉不宜卤的太炽软，否则成菜口感没有嚼劲，失去这种干拌类菜肴该有的干香风味特色。

❷ 干拌类的菜肴不适合使用油脂过多的主食材，否则成菜不够清爽、干香。

❸ 用香酥椒末的目的是减少干辣椒粉的使用量，可减少些许辣度并增加辣香味，让更多人可以享用这道佳肴。

菜品变化：
干拌牛肚、酥椒猪肚、干拌卤肉等。

糖醋排骨

色泽红亮，糖醋味浓厚

味型：糖醋味
烹调技法：炸收

此菜借鉴粤菜中的糖醋味，其酸香味是以番茄酱和大红浙醋调味，优点是成菜色泽红亮甜酸味浓厚。传统的川式糖醋排骨用的醋颜色黑棕，又加酱油，因此色泽黑红，甜酸味较为醇厚，层次比较明显。不论传统做法还是借鉴粤菜的新做法都可大量制作，可当热菜也可放凉后当凉菜，不论一般家庭还是餐馆都可以当常备菜。

原料：
精排骨 500 克，番茄酱 50 克，姜 25 克，葱 25 克

调味料：
川盐 2 克，白糖 100 克，大红浙醋 40 克，料酒 15 克，糖色 15 克，水 500 克，色拉油适量

做法：

❶ 将排骨斩成 2 厘米长的段，冲净血水后放入盆中用川盐、料酒、姜、葱码味约 2 小时。将码味后的排骨上蒸笼大火蒸 40 分钟取出，去掉姜、葱和盆中多余的水分。

❷ 炒锅上火，倒入色拉油约六分满，大火烧至五成热，将蒸熟的排骨入锅炸干水气后出锅沥油。

❸ 另取净锅上火，加入色拉油 50 克，用中火烧至四成热，下入番茄酱炒香，掺水 500 克，放入炸好的排骨、糖色煮开后转小火。

❹ 烹入白糖调味慢煮至汤汁浓稠将干时，再下入大红浙醋调味，小火收汁亮油即成菜。

【美味秘诀】

❶ 排骨要选用肉厚薄均匀的为佳，刀工处理应长短一致，否则影响成菜美观与食用便利性。

❷ 排骨可以蒸或煮，但都必须要烹至排骨和肉可以轻松分离，这样吃时口感才显细嫩、柔和。

❸ 炸干排骨水气的时间相对较长，所以油炸温度只需四成热来慢炸。油温过高的话排骨色泽过深或发黑；但油温过低时排骨水气较难炸干，成菜口感容易炣软不香。

❹ 排骨收汁时的火候要小，因为一般市售番茄酱内都含有淀粉容易粘锅烧焦而破坏整道菜的风味。

菜品变化：
糖醋脆皮鱼、松鼠鱼、菊花鱼等。

烟熏排骨

入口细嫩滑爽、烟味浓郁

味型：烟熏味
烹调技法：熏

原料：
整片猪排骨 500 克，干花椒 3 克

调味料：
川盐 15 克

做法：

❶ 将炒锅上火，放入川盐、干花椒以中火炒香成调和盐，出锅。

❷ 将整片猪排骨治净擦干后，均匀抹上调和盐，放入可密闭的容器内，于阴凉处腌制，到第四天时翻面。共需连续翻面三次，需时 12 天。

❸ 将排骨取出沥干水分，用绳子挂起来，运用第 34 页的烟熏工艺熏制成烟熏排骨。

❹ 食用时将烟熏排骨放入约 60℃温水中，水量须能淹过排骨，浸泡约 30 分钟。取出洗净后置于盘中，上蒸笼大火蒸约 40 分钟，冷却。

❺ 将蒸好的排骨斩成 6 厘米长的段，装盘后入烤箱以 145℃烤约 2 分钟至热，即可取出上桌享用。

【美味秘诀】

❶ 排骨蒸的时间以 30~40 分钟为宜。时间蒸长了排骨的肉易烂且与骨脱离而不成形；蒸的时间过短排骨与肉不能完全分开且偏韧，口感差。

❷ 排骨蒸比煮更香，盐味和烟熏味也更浓厚。

❸ 蒸熟的排骨最好完全冷却且水气晾干后再进行刀工处理，否则成菜形状不好看。

❹ 若厨房中没有烤箱，也可以将排骨装盘置入放了铁架的炒锅中，盖上锅盖，用中小火旱蒸 5 分钟。

烟熏排骨烟熏材料：
柏树枝桠 5 千克，松树锯末 10 千克，花生壳 5 千克，可依熏制的食材量调整用量。

菜品变化：
四川腊肉、烟熏拱嘴、腊猪耳等。

烟熏系列是川味一绝，如四川腊肉、川味香肠、缠丝兔等远近闻名。在四川农村，将主食材熏干水气后，多利用厨房的柴火灶的烟天天熏，可延长保存时间又增加风味，多半经过半年以上的长时间烟熏后才食用，那烟香味浓郁而醇厚，让人回味再三。所以农村里的老腊肉对四川人而言有不可取代的情感地位。但在一般都市家庭就没有这样的条件，制作时烟熏程序精简，食材经川盐腌制入味后，在相对封闭的空间中，利用柏树枝桠、锯末、花生壳等原料焖烧时产生的浓烟在 5~10 天内将主食材熏干水气并入味。

凉菜
13.

前程土鸡爪

滋糯鲜美，鲜辣可口

味型：鲜椒味
烹调技法：煮、蘸

这道菜的装盘犹如画卷舒展的形式，主料食材选用去骨乌鸡爪，喻意大展宏图、前程似锦而得名。也是一道充分展现川菜特点的菜品，就是以随手可得的食材加入创意与烹煮、调味技巧，制作出精致味美且雅俗共赏的菜品。此菜品以川南风味的小米辣椒味碟蘸食，鸡爪皮胶质滋糯鲜美，味碟鲜辣可口。

在成都，情人节这一天，年轻情侣们都会放天灯为两人的前程祈福。

菜品变化：
凤尾西芹、蘸水牛腱、盐边鸭掌等。

原料：
乌鸡爪 4 只，焯熟小木耳 50 克，干花椒 3 克，干辣椒 10 克，大葱 15 克，姜片 3 克，小米辣椒末 35 克，大蒜末 30 克，香葱花 10 克

调味料：
川盐 2 克，味精 5 克，美极鲜 15 克，生抽 10 克，香油 5 克，鲜高汤 20 克

做法：

❶ 取一汤锅，倒入约 2500 克水，加入干花椒、干辣椒、大葱、姜片，大火煮沸。

❷ 将乌鸡爪治净后，下入步骤 1 的沸水锅中，煮至鸡爪断生熟透后即出锅晾凉，用小刀剥去鸡爪骨留鸡爪皮。

❸ 取一碗依序下入小米辣椒末、大蒜末、香葱花、川盐、味精、美极鲜、生抽、香油、热鲜高汤调匀即成蘸水味汁。

❹ 将小木耳垫于盘底，乌鸡爪皮改刀盖在上面，可用些黄瓜片、红樱桃、柠檬等摆盘装饰。

❺ 出菜时将拼摆好的鸡爪和味碟同时上桌即可。

【 **美味秘诀** 】

❶ 小木耳要选用大小均匀而一致的，一来美观、二来兼顾与乌鸡爪皮的口感搭配；煮鸡爪时锅中水要多并需先调味，煮的时间控制在鸡爪入锅后 3~5 分钟的时间为宜，否则成菜后鸡爪皮过于软烂不易成形，口感疲软不香。

❷ 注意调制味碟各调味料的用量比例，其中大蒜末与小米辣椒的用量要重，否则成菜口味不够浓郁而显得单薄。

❸ 若要加盘饰就要兼顾喻意深刻和造型新颖，且要简单、快捷，这样的概念也适合餐馆酒楼出菜的速度要求。

❹ 用热鲜高汤是为了快速将小米辣的鲜辣味激发出来，口感更加鲜明。

凉菜
14.

山椒凤爪

入口滋糯，酸辣开胃爽口

味型：酸辣味
烹调技法：煮、泡

58

做法：

❶ 于汤锅中加入纯净水 2 千克烧开后离火晾凉。再加入野山椒、生姜 30 克、大蒜、干辣椒、干花椒、红小米辣椒、香料包、川盐、味精、白醋、冰糖、山椒水调味后置于阴凉处静置三天，即成泡凤爪专用泡菜盐水。

❷ 带骨凤爪剪去趾甲，用刀剁成 2 小块。放入流动水中冲净血水。

❸ 取一汤锅，加入清水至七分满上火，下生姜 20 克、大葱、步骤 2 处理好的凤爪。以中火烧沸，过程中随时打尽血沫，煮约 3 分钟至凤爪刚好熟透。

❹ 将刚熟透的凤爪捞出后用流动的水冲凉，沥去水分即可泡入泡凤爪专用泡菜盐水中。

❺ 将胡萝卜、西芹洗净去筋后，切成筷子条状，一起泡入泡凤爪专用泡菜盐水中，并和凤爪完全搅匀。浸泡 12 小时后即可以装盘食用。

【美味秘诀】

❶ 要想做好山椒凤爪这道菜，最重要的是掌握泡菜盐水的做法。

❷ 初次起泡菜盐水时，若是静置时间不够，各种香料、辣椒、花椒、野山椒的味道就无法完全渗透溶解在盐水中并适当融合，这时拿来泡制食材，成菜后味道将不够浓郁和醇厚。所以泡菜盐水必须提前三天调制，完全密闭后置于阴凉处，让盐水自然发酵，才能泡制各种食材。

❸ 做好的泡菜盐水咸度应重一点，否则成菜后滋味淡薄，体现不出食材风味与成菜的特色。

❹ 凤爪一定要先冲净血水，否则成菜容易因血水中易氧化的物质而出现发黑的现像，影响成菜色泽与美观。

❺ 掌握凤爪的煮制熟透程度，凤爪煮的过烂，成菜后口感不够脆爽；凤爪煮的过生或过硬，鸡骨头上有未完全热透的发红血水，泡制时容易产生杂菌，且成菜后口感不好，肉皮与骨不能完全分离。

❻ 泡制的时间最少要 12 小时以上，成菜后山椒的独特风味才能完全渗入凤爪，滋味才浓厚。

❼ 泡菜水及泡制过程的温度应保持在 15~20℃之间最为适宜。温度过高盐水容易生花、发酵变味，影响成菜品质。

山椒凤爪于 20 世纪 90 年代中期开始在成都流行，之后很快风靡大江南北。此菜源自成都市区的一家风味餐厅，年轻而聪明的凉菜厨师，大胆借鉴了川菜中传统四川泡菜的做法，将泡菜中的蔬菜改用鸡爪为原料，重用云南的特产泡野山椒为调味品再结合泡菜盐水，一推出就深受成都食客的热爱和追捧。成菜后色泽鲜明而清爽、酸辣而开胃，夏日的晚餐来上一盘泡制好的山椒凤爪，顿时会让味蕾舒展，胃口大开。

原料：

带骨凤爪 500 克，胡萝卜 50 克，西芹 50 克，泡野山椒 100 克，生姜 50 克，大葱 20 克，大蒜 20 克，干辣椒 50 克，干花椒 10 克，红小米辣椒 20 克

调味料：

川盐 20 克，味精 15 克，白醋 35 克，山椒水 100 克，冰糖 10 克

香料包：

八角 20 克，山奈 10 克，肉桂叶 15 克，小茴香 10 克，草果 5 个，全部装入纱布袋即可

菜品变化：

山椒猪蹄、山椒耳片、山椒猪尾等。

凉菜
15.

蘸水兔

细嫩香糯、鲜辣可口

....

味型：鲜椒味
烹调技法：煮、蘸

　　"蘸水"在川味料理中，就是将调味料按照成菜的风格调匀后盛入碟或碗中，由客人将食材放入调味料中浸泡入味后食用的一种方法。这种主辅料食材与调味料单独成型、成菜，在摆盘造型上更加整齐、美观而高雅。传统川味凉菜中，兔子肉大多是去皮后煮熟、斩丁、调味拌匀成菜，外形零乱、色泽不够鲜明，极大影响菜品美观。

　　这里从选料、制作、调味、用料、口味方面，都迥异于传统的做法。形的部分，兔皮洁白细嫩、光亮而整齐，让人觉得舒爽、想吃，在调味上运用美极鲜、生抽和小米辣椒来做主味调料，入口鲜美、嫩滑、鲜辣爽口，小米辣椒的清香将明显刺激味蕾，这就是川味的新味型"鲜椒味"让人印象最深之处。

菜品变化：
蘸水茄子、鲜辣鸡丝、鲜辣虾等。

原料：
煮熟带皮兔肉 300 克（做法见第 29 页，白煮工艺二，工序 2），黄瓜条 150 克，小米辣椒 50 克，大蒜末 25 克，香葱花 10 克，花椒粉 1 克

调味料：
川盐 1 克，味精 3 克，美极鲜 10 克，生抽 40 克，香油 10 克

做法：
❶ 小米辣椒剁成碎末。

❷ 将煮熟带皮兔肉晾干水气。黄瓜去皮和瓜瓤后切成一字条垫底。

❸ 将兔肉剔去大骨后连皮带肉斩一字条盖在黄瓜条上。

❹ 将小米辣椒末、大蒜末、花椒粉、川盐、味精、美极鲜、生抽、香油等放入碗中搅匀、调味，再盛入味碟，点缀香葱花，最后和摆好盘的带皮兔肉一起出菜。

【 美味秘诀 】
❶ 煮之前一定要将生带皮兔肉的血水冲洗干净，至兔肉润白为止。否则成菜兔肉发黑碍眼，影响食欲。

❷ 应根据鲜辣椒的鲜辣度，掌握好鲜椒味碟的用料比例，就此菜肴的特色是必须突出浓郁鲜辣味。

陈皮兔丁

陈皮味浓郁、入口干香

味型： 陈皮味
烹调技法： 炸收

原料：

去皮兔 400 克，陈皮 200 克，干辣椒段 50 克，干花椒 10 克，姜片 25 克，葱段 25 克

调味料：

川盐 3 克，味精 5 克，料酒 10 克，白糖 2 克，糖色 50 克，醪糟 10 克，香油 30 克，红油 50 克，鲜高汤 500 克，色拉油适量

做法：

❶ 干陈皮用约 45℃ 的温水浸泡至完全涨发后，改刀成 2 厘米大小的块状。

❷ 将去皮兔斩成 1.5 厘米的方丁，用川盐 2 克、料酒码味 3 分钟。

❸ 将炒锅加入色拉油至七分满，用大火烧至五成热，下入码好味的去皮兔丁，炸干水气至外表干香、黄亮时，出锅沥油。

❹ 再取净炒锅上火，加色拉油 30 克，中火烧至四成热时，下干辣椒、干花椒、已涨发陈皮、姜片、葱段炒香。掺鲜高汤烧沸后放入炸好的兔丁，转小火慢慢烧至汤汁收干。

❺ 汤汁收干后，用川盐 1 克、味精、白糖、糖色、醪糟、香油调味，再小火烧至汤汁自然收干时，下入红油，烧至亮油时出锅，冷却后装盘成菜。

陈皮味型是比较传统的川味凉菜味型之一。在早期由于交通、储存、季节变化等条件的影响，新鲜的食物原料储存不易，巴蜀地区的祖辈们就地取材创造出适合四川人偏爱吃香香的烹调技艺与风味，这技艺被称为"炸收"，做成的菜品又叫炸收菜，这类菜品因为水分少、滋味浓，而有入口干香、可长时间存放、适合大量生产等特点而传承至今。

【**美味秘诀**】

❶ 炸收菜的主料一定要炸干水分至干香。因此炸兔肉时先以高油温炸至上色，再用低油温浸炸才能达到水气完全挥发、兔肉干香的要求。

❷ 兔肉在收汁过程中，火力不宜过大，用小火慢慢将陈皮味烧入兔肉内，并将水气、汤汁自然收干、亮油。火大了很快就将汤汁烧干，陈皮味没有完全释出，炸得干香的兔肉也来不及吸饱汤汁入味。成菜后就不够滋润、陈皮味不够馥郁。

❸ 此炸收菜刚出锅时，干香的主料并未百分百吸收汤汁而产生酥软的效果，须时间酝酿，一般就是待其冷却，此时夹一块入口，陈皮味浓郁，兔肉更显滋润。

菜品变化：

陈皮牛肉、炸收带鱼、花椒鸡丁等。

仔姜鸭脯

色泽红亮，仔姜味浓厚

味型： 仔姜味
烹调技法： 拌

仔姜无论是凉菜还是热菜都运用较为广泛，四川地处盆地内，一年四季雨水较多比较潮湿，所以大多数四川人喜滋味好辛香，在川味料理中，食用较为广泛的有干辣椒、干花椒、姜、蒜、胡椒等调味品，所以多数菜品味型比较浓厚而独特。

此外，在炎热的盛夏，姜有开胃、除湿、驱寒的功效。嫩姜出味清香而微辛辣，一般单独成菜佐饭较多，这里结合家常红豆瓣酱和干香的白卤鸭脯肉，成菜色泽红亮、仔姜味浓郁，比嫩姜单独成菜更显层次与档次。

原料：
白卤鸭脯100克（做法见第31页，白卤工艺一），仔姜75克，家常红豆瓣酱30克

调味料：
味精2克，白糖3克，生菜籽油20克，香油10克

做法：

❶ 仔姜洗净后切成4厘米长的片。家常红豆瓣酱剁碎。

❷ 将白卤鸭脯肉切成片，放入盆中，加入仔姜片、家常红豆瓣酱、味精、白糖、生菜籽油、香油调味后拌匀。

❸ 将拌匀后的鸭脯装盘成菜。

【 美味秘诀 】

❶ 凉菜用的鸭脯肉一定要提前用香料白卤至熟，因鸭脯肉腥味较重，会影响成菜风味。

❷ 家常豆瓣酱也可以炝香，直接拌入鸭脯、仔姜内。成菜后又是另外一种风味。

❸ 鸭脯在卤制时川盐的用量要适当减少，以防最后加上家常豆瓣酱的咸味后变得太咸，影响成菜的滋味。

菜品变化：
生拌仔姜、仔姜拌鸭肠、仔姜拌牛肉等。

酱香鸭脯

酱香味浓郁，回味略甜

味型：酱香味

烹调技法：酱、蒸、冷拼

　　"酱香味"是传统的凉菜味型之一，也是因早期储存问题而开创的制作工艺与风味，主要利用甜面酱的盐分加上风干延长肉品储存时间。酱成的菜品色泽暗红、干香、酱香味浓郁，制作简便、储存时间久、成菜方便，更是一道佐酒的美味佳肴。在四川地区每年的秋冬季比较适合制作酱制品，温度、湿度都较低，能确保肉品的鲜度，酱料的制作与长时间酱渍、风干。

原料：

酱制风干的鸭脯肉 300 克（做法见第 33 页），姜片 25 克，葱段 25 克

调味料：

葱油 5 克

做法：

❶ 将酱制风干的鸭脯肉用约 60℃的温水洗净表皮干硬的酱料后，放入盘内。

❷ 在洗净鸭脯肉上均匀放上姜片、葱段，上蒸笼以大火蒸 30 分钟后整盘取出，去掉姜片、葱段放至冷却。

❸ 将蒸透、冷却后的鸭脯肉切成柳叶片片装盘，刷上葱油增香即可食用。

【美味秘诀】

❶ 酱制风干后的鸭脯肉最好上蒸笼蒸透成菜，入口时酱香味更浓郁。若时间、环境不许可，把酱好的鸭脯肉用水煮也可以，但酱味会偏淡薄，不够浓厚、干香。

❷ 刀工处理时鸭脯先修理整齐，再切成片后装盘。片的大小均匀、厚薄一致成菜后外形才美观

菜品变化：

酱鸭肫、酱猪舌、酱拱嘴等。

椿芽拌白肉

色泽红亮，蒜香味浓

味型： 蒜泥味
烹调技法： 煮、拌

　　童年时光的春季，看见那香椿树的枝头长出的嫩芽，爬上树梢摘下一大把嫩芽，顿时有一股特殊芳香扑鼻而来。在那个童年时代，还不知这是什么食材。带回家后放到屋子里，妈妈一回家就闻到了香味。当天的晚饭桌上，我看见那土碗里有着黑乎乎透出黄亮的菜，时而冒出一种异样的香气。妈妈说这是我摘回来的椿芽炒的鸡蛋。长大以后当了厨师，每年的春天在菜市场上看见椿芽就想起儿时的异香。

　　在一次厨师交流的聚会上，大家探讨春季菜肴如何变化，各抒己见、畅所欲言的发表自己的看法和想法。厨师们绞尽脑汁，也借鉴民间老菜式来加以改良，一时激荡出各种创新菜来勾引春天客人的胃口。当时就回想起儿时的异香，而联想到用椿芽拌白肉，也让那椿芽的气味飘香和蒜末的甜香在食客的口中与记忆中回味良久。

菜品变化：
椿芽拌胡豆、椿芽炒鸡蛋、椿芽炒肉等。

原料：
煮熟二刀坐臀肉 300 克（做法见第 29 页，煮烫工艺三），香椿芽 75 克，香葱花 10 克，大蒜末 50 克

调味料：
川盐 2 克，味精 5 克，白糖 5 克，酱油 5 克，香油 10 克，红油 35 克

做法：

❶ 烧一锅沸水，将香椿芽入锅中汆一水（烫一下）。

❷ 将煮熟、冷却的二刀坐臀肉自汤中取出，切成长 10 厘米、宽 5 厘米、厚 0.2 厘米的薄片。把汆熟的香椿芽裹入二刀肉片中成卷状摆盘。

❸ 把大蒜末、川盐、味精、白糖、酱油、香油放入碗中调匀，再加入红油拌匀后点缀香葱花成蘸碟，出菜时与摆好盘的白肉卷一起上桌享用。

【美味秘诀】
香椿芽要选用嫩芽的部分，入沸水锅中汆水的时间要短，香椿芽的香气才不会被沸水冲淡，以保持成菜后的香椿味浓郁。

蒜泥白肉

咸鲜微辣，蒜泥味浓厚，略带回甜

味型：蒜泥味

烹调技法：煮、拌

原料：

煮熟二刀坐臀肉 200 克（做法见第 29 页，煮烫工艺三），大蒜末 100 克

调味料：

川盐 1 克，味精 5 克，香油 10 克，红油 35 克，复制酱油 75 克（做法见第 23 页）

做法：

❶ 切片前，将煮熟二刀坐臀肉取出晾干水气。

❷ 用刀将肉片成8厘米长、5厘米宽、0.2厘米厚的薄片装盘。

❸ 取复制酱油，调入大蒜末、川盐、味精、香油、红油搅匀成蒜泥味汁。

❹ 将调好的蒜泥味汁浇在已装盘的肉片上即可。

【美味秘诀】

❶ 若手边有石窝臼，最好用石窝臼将大蒜舂成泥，调制成的蒜泥味汁的滋味会比用刀剁的更浓厚、更滋润。

❷ 蒜泥味汁的好坏与复制酱油的熬制有直接关系。

❸ 二刀肉一定要片的又薄、又大，成形完整无穿孔为佳，一来展现厨师的工艺，二来让肉片一入口有细嫩化渣的典雅感受。

　　"蒜泥白肉"在川菜的传统中，首选猪后腿肥瘦相连、带皮的二刀肉，酱汁则是用红酱油加许多香料熬制成的复制酱油，拌入辛辣味浓厚的新鲜大蒜末制成的蒜泥味酱汁后，调入些许红油增香、增味。调好酱汁浇在片的薄薄的肉片上，随意拌匀后食用，鲜香滋润四溢，让人回味再三。用二刀肉做的四川名菜还有"回锅肉"，煮至八分熟以后，再切片炒制成菜。

　　还有一白肉名菜出在川南名城宜宾的"李庄古镇"，"李庄白肉"这道菜是李庄的代表菜，大至酒店小到餐馆，李庄白肉的踪影随处可见，其特色为白肉薄如纸而能透光、片的大小比手掌大；吃法也有特色，用随菜品一起的热汤将白肉片刷几下，再蘸蒜泥味汁，白肉上那红红微辣的红油渗透着蒜泥的香，让人尝过后回味无穷。

菜品变化：

蒜泥牛百叶、蒜泥蚕豆、蒜泥黄瓜等。

凉菜
21.

凉粉鸭肠

入口脆爽滑嫩，麻辣中回味酸香

味型：香辣味
烹调技法：拌

川北凉粉，是豌豆磨浆后制成，以南充的最为有名，在川菜中也是一道著名的凉菜，是源自家庭、农村的佳肴。凉粉因为价格便宜、取材方便，是四川地区常见的食材，一般家庭多是拌上香辣或酸辣调料后当小吃上桌，入口软绵、滑爽、酸辣开胃。

原只是一道小吃凉品，休闲时随便吃吃的。后经厨师将滋味与形式精致化后受到各方的喜爱而成就一系列名菜。如今，普通的凉粉在厨师的手中精雕细琢后，形式多样、冷热都有、滋味各具特色，如热菜中的凉粉烧鲍鱼、麻婆凉粉、石锅凉粉焗牛肉等，乃至改良后的凉粉小吃升级版——凉粉拌鸭肠，做工精细、口味上更加精致有层次。

原料：
豌豆凉粉 200 克，鲜鸭肠 100 克，香辣酱 50 克，蒜末 20 克，香葱花 10 克，酥黄豆 50 克，老干妈豆豉酱 25 克

调味料：
川盐 1 克，味精 5 克，酱油 35 克，白糖 3 克，陈醋 25 克，花椒粉 2 克，煳辣油 20 克，香油 10 克，红油 20 克

做法：

❶ 豌豆凉粉切成筷子条状垫于深盘底。

❷ 鲜鸭肠刮洗干净后斩成长 15 厘米的长段，入煮沸的开水锅中以大火煮约 20 秒出锅沥水，晾凉后铺放在凉粉上。

❸ 将香辣酱、蒜末、老干妈豆豉酱、川盐、味精、酱油、白糖、陈醋、花椒粉等调味料下入碗中拌匀并调味。

❹ 再将煳辣油、红油、香油倒入步骤 3 的调料汁内调匀后，将汁淋在鸭肠上。

❺ 撒上香酥黄豆、香葱花增色提味，即可享用。

【**美味秘诀**】

❶ 凉粉一定要新鲜，若买回的凉粉存放在冰箱内，就必须等凉粉回到常温后再调理。因存放在冰箱的凉粉温度低，空气中的水气会凝结在凉粉表面，造成成菜后有类似出水的现象，使得调料汁的味裹不上凉粉，而影响成菜的风味。

❷ 凉粉的表面光滑不易吸附汤汁，所以刀工成形不宜太粗，否则成菜入口会有不入味的感觉。

❸ 为了避免成菜后找不到鸭肠，并影响成菜形状，鸭肠一定要斩成长一点的段，因鸭肠用开水烫后会缩水。

菜品变化：
凉粉拌鸡杂、凉粉拌鹅肠、脆绍子凉粉等。

伤心凉粉

入口滑爽，鲜辣味浓厚

味型：鲜辣味
烹调技法：拌

据说清朝初年，湖广填四川时，成都的龙泉驿洛带古镇，是广东客家人的聚居地，多数人在制作家常凉粉时因思念家乡而伤心流泪，凉粉自此有了伤心的情感。另一方面广东人原本是不太吃辣椒的，到四川以后，因为空气潮湿导致身体不适，于是借鉴四川人的饮食习惯，以麻辣的调味刺激身体出汗，但对花椒不熟悉，于是在吃凉粉时就选择调入辣味凶猛的小米辣椒来调味，所以吃的过程中是一把鼻涕、一把眼泪，常让路过的游人以为是因思乡之苦而伤心，但又见他们把凉粉吃得津津有味。这就勾起了好吃四川人的兴趣，在好奇心的驱使下一尝为快，果真鲜辣味威猛、滑爽、酸香可口，紧接着鼻涕、眼泪全来，真伤心啊！问这是什么味的凉粉，背景离乡的客家人也说不准，为纪念这伤心过往，就将这具特色风味的凉粉称之为"伤心凉粉"。

菜品变化：
川北凉粉、蒜泥拌凉粉、酸辣凉粉等。

原料：
豌豆凉粉 200 克，小米辣椒 35 克，大头菜 35 克，香葱花 20 克，蒜末 10 克

调味料：
川盐 2 克，味精 5 克，酱油 20 克，陈醋 50 克，白糖 5 克，香油 20 克

做法：

❶ 将凉粉切成小一字条入碗。小米辣椒剁成末；大头菜去皮切成细末。

❷ 将装入凉粉的碗先调入川盐、味精、酱油、陈醋、白糖、香油。

❸ 再依次调入小米辣椒末、蒜末、大头菜末、香葱花后成菜。食用时自己拌匀就可享用。

【美味秘诀】

❶ 选用新鲜的豌豆凉粉才有浓郁风味，与调味汁混合后的滋味才能显出风情。切成的条粗细均匀、长短一致，口感才精致。

❷ 调味料依次分开调入，成菜色泽红、绿相间，可以刺激视觉和味觉，增进食欲。

❸ 此菜要少用油脂类调味料，让成菜鲜辣清爽而清香。

椒麻鸡丝

色泽碧绿，肉质细嫩，椒麻味浓郁

味型：椒麻味
烹调技法：拌

原料：

煮熟鸡脯肉 200 克（做法见第 28 页，煮烫工艺二），绿豆芽 100 克，干红花椒 25 克，香葱叶 100 克，姜片 25 克，葱段 25 克

调味料：

川盐 3 克，味精 5 克，香油 10 克，冷鲜高汤 50 克

做法：

❶ 将绿豆芽洗净，下入沸水锅中余水，沥水冷却后垫于盘中。

❷ 葱段、鸡脯肉撕成细丝。

❸ 干红花椒用温水浸泡 2 小时，捞起沥干水分。香葱叶切成碎末后加入泡过温水的干红花椒一起用刀剁成细蓉状就成为椒麻糊。

❹ 将制好的椒麻糊用冷鲜高汤调散成稀糊状，再用川盐、味精、香油调味后与步骤2鸡丝、葱丝拌匀，盖在绿豆芽上，即可上桌享用。

椒麻味是川味凉菜中的一个传统味型。选用辛香味浓的大葱叶和红花椒用刀口剁细成蓉状，经调味后即可和喜爱的食材拌匀成菜，此味型的菜品具有色泽碧绿、葱香味浓郁、麻香爽口的共通风味。在传统上，椒麻味的菜品多是将做好的椒麻糊调匀后直接淋、拌在食材上，现今有许多酒楼是采取将椒麻糊调味后盛入味碟内，菜肴另外摆盘后一起上桌，再拌匀食用，以争取更大的摆盘变化空间。

【美味秘诀】

❶ 鸡脯肉一定要煮透，不能有血水，否则成菜色泽显得不够净白。

❷ 鸡脯肉煮透后整锅离火，要保持鸡脯肉在汤中浸泡约20分钟，再取出冷却使用，口感更多汁。

❸ 鸡脯肉煮熟后最好用手撕，以避免破坏鸡肉纤维，使成菜成形自然、容易吸附酱汁且口感较佳。

❹ 椒麻糊一定要斩得细致、无颗粒状，成菜才能美观而口感精致。

菜品变化：

椒麻鸡片、椒麻桃仁、椒麻牛腱肉等。

手撕盐焗鸡

色泽黄亮，肉质细嫩

味型：咸鲜味
烹调技法：焗

原料：

治净仔公鸡一只（约 500 克），盐焗鸡粉 50 克，姜片 25 克，葱段 25 克

调味料：

海盐 3000 克，川盐 10 克，味精 10 克，白酒 20 克，姜黄粉 10 克

做法：

❶ 将治净仔公鸡晾干水分后用川盐、味精、白酒、姜黄粉、盐焗鸡粉、姜片、葱段码味，置于冰箱冷藏室中腌制 3 天取出。

❷ 将腌制后的鸡上蒸笼以大火蒸约 30 分钟至熟透。接着取出晾干水气，用锡箔纸将整只鸡包好，完全密封后放入大浅盆中。

❸ 将海盐入锅大火炒至热烫，然后出锅将锡箔纸包的整只鸡完全掩盖。

❹ 将盖满热盐的全鸡放入烤箱内，以上火 160℃、下火 200℃烤 30 分钟。

❺ 将烤好的鸡整盘端出烤箱，取出盐堆中的全鸡，剥去锡箔纸，静置冷却即成盐焗鸡。

❻ 将焗好的盐焗鸡去掉大骨，用手撕成二粗丝装入盘内即成。也可用小番茄、黄瓜围边就更显精美高档。

【美味秘诀】

❶ 选料必须用嫩公鸡，母鸡的肉质经盐焗后口感、风味略差。大小方面，选活鸡重量在 750~1000 克之间，治净后重量在 500~750 克之间为宜，过大不易入味；鸡太小则肉太少。

❷ 鸡的腌制时间最少 3 天，让鸡肉到鸡骨头完全腌渍入味，焗好的鸡肉才能有浓郁的香气。

❸ 鸡蒸的时间不宜过长。否则成菜口感太过炣软不筋道。

❹ 也可以用川盐或一般食盐代替海盐。烤的时间可以稍长，但温度不宜过高，不然容易烤焦。

❺ 若是手边没有大型烤箱，也可以在盐炒热后，将包上锡箔纸的全鸡直接埋入炒锅的盐中，盖上锅盖，转小火焗约 90 分钟，但过程中须时时注意火候的控制，避免将鸡给焗焦了。

在川菜中鸡肉一般用卤、拌、腌制的方式成菜，在一次偶然的机会吃到口味鲜美、色泽黄亮、肉质滑嫩的"盐焗鸡"，"盐焗鸡"本是广东东江的传统名菜，虽美味但以四川人喜爱吃香香的偏好，就觉得少了点干香气，佐酒时干香气才会更加鲜明而令人回味。经反复试做数次，终于成功地在"盐焗鸡"的基础上添入川菜的特点，不只干香，口感也变得有嚼头。但盐焗鸡多是以"只"为单位在售卖。因此又尝试将焗好的鸡肉去大骨，撕成二粗丝以"份"为单位上桌出售，取名"手撕盐焗鸡"，不论形式、口味都倍受客人好评。

广东盐焗鸡是由盐腌鸡演变而来，最初是把熟鸡用纸包好后，放入海盐堆里腌渍而成，鸡肉味美咸香。后来为缩短腌制成菜的时间改变了做法，将海盐与鸡一同焖煮制成盐焗鸡，没想到鸡肉的味道更加鲜美嫩滑，而成为一道广东名菜。

菜品变化：

盐焗凤爪、盐焗排骨、盐焗牛肉等。

怪味鸡丝

入口咸、甜、麻、辣、酸、鲜、香并重而协调

· ·

味型： 怪味

烹调技法： 拌

　　怪味是川菜诸多味型中的一个特色味型，也是川菜独创的一种味型。因集咸、甜、麻、辣、酸、鲜、香众味于一体，味与味间互不掩盖，各味平衡又彼此烘托，故以"怪"字来褒其滋味之妙。从怪味的调味技巧与特点可发现川菜调味的精致与思路，不只要求味的层次与协调，还要在浓、厚、复杂中让各味彼此烘托、不掩盖，更要烘托而不掩盖主食材的滋味。

原料：

煮熟鸡脯肉 150 克（做法见第 28 页，煮烫工艺二），绿豆芽 100 克，辣椒粉 15 克，花椒粉 5 克，姜末 10 克，蒜末 15 克，香葱花 10 克

调味料：

川盐 2 克，白糖 15 克，酱油 10 克，陈醋 20 克，芝麻酱 35 克，味精 5 克，香油 20 克，红油 40 克

做法：

❶ 绿豆芽下入沸水锅中汆煮至断生，出锅沥水、冷却后装盘垫底。

❷ 将鸡脯肉切成细丝盖在绿豆芽上。

❸ 取川盐、白糖、酱油、陈醋、芝麻酱、味精、香油、红油、辣椒粉、花椒粉、姜末、蒜末等材料下入碗中，调匀就是怪味汁。

❹ 将调好的怪味汁淋在鸡丝上，点缀香葱花增色增香即成。

【美味秘诀】

❶ 绿豆芽入锅不宜久煮，以保持脆嫩感。

❷ 鸡脯肉煮至断生后，必须泡在锅里的原汤中焖着，直到完全冷却，这样鸡肉可以更细嫩多汁。

❸ 怪味的特点就在咸、甜、麻、辣、酸、鲜、香并重而协调，因此掌握怪味汁中各种调味料的味，在调制时调整比例，让各个味之间互不抢味，能在口中协调的交相呈现，是怪味系列菜肴的最高原则。

菜品变化：

怪味花生、怪味胡豆、怪味兔丁等。

风干鸡

入口干香、咸鲜味美

味型： 咸鲜味

烹调技法： 腌、晾、蒸

鸡的吃法、做法数不胜数，品种繁多。在川味凉菜中大多以拌的形式成菜，如麻辣鸡块、红油鸡片、椒麻鸡、钵钵鸡等。不论繁华的大都市、酒楼或农贸市场、小餐馆，鸡肴比比皆是，取材广泛，无论是家庭三餐或是婚寿宴会，在巴蜀，吃美味鸡肴可说是小菜一碟，简便至极。

几个住城市的厨师朋友，偶然兴起相约到乡下农村的朋友家。一群厨师在晒坝外闲摆、闲逛时看见放养的公鸡四处觅食，顿时想来份鸡肴凉菜佐酒助兴。

这时职业病就犯了，怎么烹煮？一厨师说现宰公鸡再烹制成凉菜佐酒，那不知等到何时！另一厨师朋友就提议道，要吃凉拌的鸡肉，就必须提前半天时间将鸡煮熟、冷却、晾干再拌制，才美观而有嚼劲。又一朋友说，试试现在少见的老方法，将鸡治净后，取川盐放入香料、花椒炒香，再趁热涂抹在鸡肉内外侧后腌制几天，再蒸煮成菜。

这意见大家一致认同，一群厨师开始动手处理起来。谁知道腌制几天后，鸡肉入味了但盐味偏重，于是借风干肉的做法，将鸡挂于通风处晾至水分干，再煮或蒸熟、剁块食用，居然口味变得清香且香气悠长。一个无心插柳，就产生一种新鲜的口味。应了四川厨师界的玩笑话：创新全靠乱整！

原料：

治净公鸡 1 只（约 750 克），八角 10 克，干花椒 15 克，姜片 25 克，葱段 25 克

调味料：

川盐 25 克，味精 10 克，白酒 15 克

做法

❶ 用刀从治净的鸡胸脯中间剖开成连体的两块。

❷ 将川盐入锅，用中火炒热后下八角、干花椒炒香出锅。用刷子将炒香的川盐趁热均匀地刷在鸡肉的内外则。

❸ 将刷匀川盐的公鸡放入盆中，加入姜片、葱段、白酒、味精腌制 7 天。

❹ 把腌制入味的鸡取出用两根竹扦从胸脯处将鸡撑开。挂于阴凉通风处晾 10 天左右，晾至鸡肉水分完全干时即成风干鸡生胚。

❺ 将风干鸡生胚用约 60℃的温水浸泡约 2 小时，洗净后上蒸笼，用大火蒸 40 分钟取出冷却。

❻ 将冷却的风干鸡斩成小一字条装盘成菜，食用时也可根据季节或宾客的需求用蒸的方式加热后食用。

【美味秘诀】

❶ 公鸡不宜选得太大，鸡过大肉比较老，不够嫩则成菜肉质的口感不佳。

❷ 川盐一定要炒热、炒香，这样码味腌制出来的鸡肉更香、色泽更加红亮。

❸ 鸡腌制的时间要长，不然鸡腿等肉厚的地方无法入味。

❹ 腌制后的鸡肉一定要晾至水分全干，成菜后才能干香、滋润而红亮。腌制好的鸡也可以用烘炉将水气烘干，以节约时间，但不宜烘得过干或烘熟，这样成菜后口感发柴且滋味也略失特色。

❺ 鸡肉上蒸笼不宜蒸得太久（根据鸡本身的质地老嫩），否则成菜斩条后的形不好看。

菜品变化：

风干肉、风干兔、风干排骨等。

荞面蹄花

色泽红亮，酸辣爽口，滋糯鲜美

味型： 酸辣味
烹调技法： 拌

原料：

白卤猪前蹄1只（做法见第32页，白卤工艺二），荞面200克，香葱花10克，酥花生20克

调味料：

川盐2克，味精5克，白糖3克，陈醋30克，酱油20克，香油10克，红油30克，冷鲜高汤150克

做法：

❶ 荞面用80℃的开水浸泡涨发2小时至回软，沥去水分后垫于盘底。

❷ 将白卤猪前蹄先去骨再切成2厘米大小的丁状后，盖在荞面上。

❸ 川盐、味精、白糖、陈醋、酱油、香油、冷鲜高汤调匀后淋在蹄花上。

❹ 最后淋上红油，点缀酥花生、香葱花增色提味即成。

【美味秘诀】

❶ 荞面必须用80℃开水完全涨发至熟透、𤆵软，如此成菜口感才能滑爽、细致。

❷ 猪蹄要先白卤至皮𤆵而肉离骨，一来口感佳，其次是方便去掉大骨再切成丁，使刀工处理可以大小均匀。

❸ 红油一定不能与调味料一起搅匀，会使得味汁的油量过大，又被荞面等吸收，搭上脂香味厚的猪蹄丁容易发腻。且红油一与酱黑的调味料搅和，色泽就不够红亮。

菜品变化：

鳝鱼丝拌荞面、荞面窝窝头、鸡丝拌凉荞面等。

荞面在四川地区多指用苦荞麦粉制作成的面条。苦荞麦主产于凉山彝族自治州海拔2500米以上的高原地区，是彝族人的主食。其蛋白质含量高于大米、小米、小麦、高粱、玉米等，且苦荞麦含有18种氨基酸，其中含有的叶绿素是其他谷类作物所没有的，堪称是营养最完整的粮食。

苦荞麦粉与其他面粉一样，可以制成面条、烙饼、面包、糕点、荞酥、凉粉、血粑和灌肠等地方风味食品。虽然称之为苦荞麦，但其实是相对于甜荞麦而言，对多数人来说几乎感觉不到苦味，与脂味浓的食材搭配却有神奇的解腻作用。

彝族主食，以苦荞麦粉做的"千层荞饼"

酱猪蹄

入口脆糯，酱香味浓

味型：酱香味
烹调技法：腌制、蒸

猪蹄富含大量的胶质，有美容、养颜护肤的功效。在四川地区，猪前蹄多称"猪手"，常见的做法是用卤、炖、烧、拌的方式成菜。对酒楼来说，客人经常吃这几种味道和做法，多反应吃腻了。因此如何用一样的食材开发出新的菜品、味型呢？对厨师来说是很具挑战性的。这道酱猪蹄借助很多外菜系使用的调味料，融合川菜的特点，经过反复研究、试做，调和各种调味料的用量、用法才创制出这道与传统口味不一样的猪蹄菜肴。

原料：
猪前蹄 1 只，姜片 25 克，葱段 25 克，排骨酱 30 克，叉烧酱 40 克，蚝油 25 克

调味料：
川盐 3 克，味精 5 克，白酒 5 克，白糖 20 克，香油 10 克

做法：

❶ 猪前蹄的残毛除干净后洗净、擦干置于盆中，放入姜片、葱段、川盐、味精、白酒、白糖抹匀、码味。

❷ 将排骨酱、叉烧酱、蚝油、香油于碗中调匀后，均匀地码在猪蹄上，冷藏腌制 3 天。

❸ 将腌制后的猪蹄连酱料一同上蒸笼，大火蒸约 40 分钟至猪蹄熟透、㸆软。将猪蹄取出并清去料渣后，冷却。

❹ 将蒸好冷却的猪蹄对剖成两半装盘，或再斩成小块装盘即成菜。

【美味秘诀】

❶ 选猪蹄时个头不宜太大，大小要均匀一致，摆盘成形才好看。

❷ 猪蹄码酱料时要码足，成菜色泽才红亮，酱味才浓厚。

❸ 蒸猪蹄时要将酱料一同入蒸笼蒸至猪蹄熟透，酱味才能更浓郁，但蒸的时间不宜过久，让猪蹄的皮、筋保持一定的弹性，成菜后口感才会筋道爽口。

菜品变化：
酱猪尾、酱牛皮、酱板兔等。

白切羊肉

成菜洁白清爽，咸鲜味美

味型：麻辣味、咸鲜五香味
烹调技法：煮、切、拌

　　"白切"是指将原料食材白煮或白卤至熟透，冷却后改刀成片，直接食用或蘸味碟食用的一种烹调方法。各大菜系白切羊肉的烹煮、调味方法大同小异，但都能通过煮制手法或蘸碟体现各自的地方特色。

　　另一方面，羊肉肉质细嫩，容易消化，高蛋白、低脂肪、含磷脂多，较猪肉和牛肉的脂肪含量都要少，加上胆固醇含量少，是冬季抗寒的美味食材之一。以白切的手法烹制主要在于体现羊肉肉质的细嫩与其独特的鲜味，看似简单的工艺，要做得美味诱人就需将每一环节都做到最好。

原料：
刚白卤好的带皮羊肉 750 克（做法见第 29 页，白煮工艺一）

调味料：
麻辣味碟一份（川盐 2 克，味精 5 克，干辣椒粉 15 克，花椒粉 3 克，酥花生碎末 10 克混合均匀即成）

器具：
与带皮羊肉一样大小的保鲜盒（成形用）

做法：
❶ 将卤炟的羊肉取掉肉中较大的羊骨不用。

❷ 趁热放入适当大小的保鲜盒内，上面压上重物后，静置到羊肉完全冷却并成形。

❸ 取出压得扎实平整的羊肉，切成厚 0.3 厘米的片装盘。

❹ 配上麻辣味碟上桌享用。

【美味秘诀】
❶ 焖煮羊肉时火力要小，锅底下面要垫上一层竹笆，以免羊肉煮炟后粘锅。

❷ 羊肉一定要煮的很炟，羊骨才容易取出，并方便刀工切片成形与食用。

❸ 菜品成形后要美观，一定要将煮炟的羊肉去骨后趁热用适当模具装好，再用重物压制，等冷却后就会定形。

菜品变化：

白切鸡、白切牛肉、白切鸭脯等。

牙签羊肉

色泽红亮，入口干香，麻辣孜然味浓厚

味型：麻辣孜然味
烹调技法：炸收

原料：

羊腿肉 300 克，姜片 15 克，葱段 10 克，干辣椒段 35 克，花椒粉 3 克，孜然粉 25 克

调味料：

川盐 6 克，味精 5 克，料酒 20 克，白糖 2 克，香油 10 克，红油 50 克，水 300 克，色拉油适量

做法：

❶ 羊腿肉洗净后切成 1.5 厘米 ×3 厘米大小的短条，放入盆中，放入川盐 2 克、料酒 10 克码味 5 分钟，再用流动水冲净血水。

❷ 捞出羊肉条，沥干水分，用川盐 2 克、姜片 10 克、葱段 5 克、料酒 10 克码味 10 分钟后，将牙签穿入羊肉条。

❸ 取净炒锅置于炉上，加入色拉油至六分满，大火烧至五成热时，将码味后的羊肉串下入油锅内，大火炸至羊肉的水气干时出锅沥油。

❹ 另取炒锅下色拉油 50 克，大火烧至四成热，下姜片 5 克、葱段 5 克、干辣椒段炒香，掺水 300 克大火烧沸。

❺ 放入羊肉串后转小火，保持汤料微沸，用川盐 2 克、味精、白糖、香油调味。

❻ 慢慢烧至汤汁快干时，下花椒粉、孜然粉炒香，再放入红油，用小火烧至汤汁收干，成菜亮油时就能出锅上菜。

【美味秘诀】

❶ 羊肉一定要先斩成短条状，再用水冲净血水，否则成菜色泽发黑，不够红亮。

❷ 炸羊肉时要控制炸的程度，外表干酥，内部仍保滋润最为恰当，成菜干香、入味而筋道。若炸的太干，成菜口感发柴硌牙。不够干，就失去干香风味，变成是烧菜而不是炸收菜。

❸ 花椒粉和孜然粉容易因高温而焦煳、变色，所以一定要在出锅前放。否则容易让成菜口味发苦或色泽变黑。

❹ 要让成菜的干香风味鲜明，一定要使用小火慢慢烧至汤汁自然收干、亮油，让所有的香辛料、调味料的香气、风味能因温度而干香，因时间而融合出多样层次。最后下红油完善调味与上色。

羊肉的膻味比较重，在川菜的烹调中算是使用和食用较少的食材，但有一个季节例外，即冬至前后，四川地区是人人都要吃清炖羊肉汤，此时处处飘荡着羊肉香，而羊肉汤最著名的莫过于简阳羊肉汤。

从地区偏好来看，羊肉在四川以火锅、汤锅或热炒的方式成菜较多，做凉菜的较少，就因没处理好的话，羊膻味会明显。这里为了避免羊肉的膻味影响成菜的口感，在制作时先将羊腿肉斩成小丁状，冲净血水，码味后穿上牙签，入油锅内炸至羊肉干香，利用川式凉菜炸收的方式成菜，成菜后色泽红亮、麻辣中带着浓郁的孜然香味，热吃凉吃都适合，更是一款佐酒美食。

冬至吃羊肉汤是四川人的食俗之一。

菜品变化：
牙签牛肉、麻辣羊柳、花椒兔丁等。

蛋黄鸭卷

色泽黄亮，入口细嫩，蛋黄味浓郁

味型：咸鲜蛋黄味
烹调技法：腌制、卷、蒸、拼

　　"卷"在川菜的诸多菜肴中有着造型美观、方便装盘、成菜高雅而精致的特点，加上多种食材通过"卷"而产生多层次口感或风味，更是此烹调手法受欢迎的主因。此外，四川最常见的鸭品种是麻鸭，体形不大，成鸭多在 1.5~2 千克，因此较少做成全鸭形式的大菜，全鸭在川味凉菜中一般是卤制成菜。在过去，川菜受交通运输条件的影响，根本无法使用新的、奇的原材料，只能通过烹调工艺让菜品上一个台阶，"卷"就是其中最常应用的烹调技法之一，只要发挥巧思就能运用普通原料通过搭配、做工来凸显烹调技艺的精细。

原料：
治净嫩鸭子 1 只（约 1000 克），咸蛋 8 个，姜片 25 克，葱段 25 克，十三香香料粉 20 克

调味料：
川盐 5 克，味精 5 克，白糖 5 克，料酒 50 克，香油 10 克

做法：

❶ 将治净嫩鸭子去除骨、头、脖子、爪和翅后，取嫩鸭肉用姜片、葱段、十三香香料粉、川盐、味精、白糖、料酒冷藏腌制 3~5 天。

❷ 将咸蛋洗净后上蒸笼，以大火蒸约 20 分钟至熟，取出冷却后剥去蛋壳和蛋白，只留用咸蛋黄。

❸ 取保鲜膜平铺在案板上，将腌制入味的嫩鸭肉去净料渣，平铺在案板的保鲜膜上，中间放上咸蛋黄。用鸭肉将盐蛋黄卷裹在其中，再以保鲜膜包在外层，裹严即成鸭卷生胚。

❹ 将鸭卷生胚上蒸笼，用大火蒸 40 分钟至熟，取出冷却。

❺ 将蒸熟冷却后的鸭卷，改刀成片，摆盘后刷上香油即成。

【美味秘诀】

❶ 鸭子要选大只的嫩鸭，裹卷后的鸭卷层次才明显。

❷ 裹卷好鸭肉后，最好用牙签将外层的保鲜膜扎几个小孔，让蒸制过程中鸭肉卷可以排气。

❸ 鸭肉卷蒸的时间不宜过长，否则口感软烂。

❹ 蒸熟后的鸭卷必须放凉再去掉保鲜膜才能定形，成菜切片时鸭卷才不易散，成形美观。

菜品变化：
顺风蛋黄卷、豆皮素鸡卷、猪蹄蛋黄卷等。

皮蛋鸭卷

入口细嫩，皮蛋咸鲜味美

味型：咸鲜味

烹调技法：腌制、卷、蒸、拼

原料：

治净嫩鸭子 1 只（约 1000 克），松花黑皮蛋 5 个，十三香香料粉 20 克，姜片 25 克，葱段 25 克

调味料：

川盐 5 克，味精 5 克，白糖 5 克，酱油 5 克，料酒 50 克，胡椒粉 2 克，香油 10 克，脆皮水 70 克（麦芽糖 20 克，大红浙醋 50 克溶化调匀即成）

做法：

❶ 将治净的嫩鸭子去除骨、爪、翅、头和脖子后，取嫩鸭肉用十三香香料粉、姜片、葱段、川盐、味精、白糖、酱油、料酒、胡椒粉冷藏腌制 3~5 天。

❷ 取保鲜膜平铺在案板上，将腌制入味的嫩鸭肉去净料渣后，平铺在案板的保鲜膜上。

❸ 将皮蛋剥去外壳洗净后放于鸭肉上，卷裹成长条形的条状，再将保鲜膜包在外层，裹得紧紧实实即成生胚卷。

❹ 将生胚卷入蒸笼内大火蒸 40 分钟取出，小心剥去保鲜膜，趁热刷上一层脆皮水后静置、冷却、风干。

❺ 将蒸熟后的皮蛋鸭卷放入烤箱内，以上火 220℃、下火 200℃烤 8 分钟至外表褐黄后取出冷却。改刀成片装盘刷上香油成菜。

【美味秘诀】

❶ 选一年以上两年以下的嫩鸭为宜。鸭子必须去净大、小骨头，才方便裹卷、改刀和食用。鸭子要大才方便卷成形。

❷ 鸭肉必须提前 3~5 天腌制入味后，再将皮蛋卷在中间，成菜口感才够香。

❸ 裹卷鸭肉严实后最好用牙签在保鲜膜上扎几个透气孔再蒸制，这样鸭卷成形更漂亮。

❹ 掌握蒸制的时间，蒸的时间不宜过久，否则成菜后鸭卷肉质会太软而不成形。

菜品变化：

盐焗鸡卷、五香兔肉卷、里脊皮蛋卷等。

做皮蛋的关键就是在蛋外裹上一层灰泥

　　皮蛋独特的味道来自腌制过程，裹在蛋壳上的灰泥中有可以产生强碱作用的成分，强碱使鲜蛋的蛋白质及脂质产生分解，这样不仅储存时间变长，还让蛋的各种成分变得较容易被人体吸收，当然也形成独特的风味。

　　川菜中，皮蛋大多以主料的姿态拌制成菜或用皮蛋作为酱汁成菜，此菜是在蛋黄鸭卷的基础上改良创新而成的一道美味佳肴。关键工艺在于将皮蛋卷裹入去骨腌制入味的鸭肉中并蒸熟后，刷上脆皮水入烤炉内烤制。成菜外表黄亮、脆嫩，包裹着黑黝黝且晶透发亮的皮蛋，入口细嫩鲜美。

虫草花耳丝

入口脆爽、咸鲜味美

味型： 咸鲜橄榄油味
烹调技法： 煮、拌

"虫草花"并不是花，而是与香菇、平菇一样属菇菌类食材，又名蛹虫草或蛹草、冬虫夏草花，主要分布在吉林、河北、陕西等省。虫草花作为凉菜食材多是涨发后使用，本身带有微微的香气，口感滑脆，因其色泽为鲜艳的橙黄色，在菜品中能产生画龙点睛的视觉效果而广受欢迎。此菜品中耳丝、甜椒丝、荷兰豆丝、虫草花等食材都是脆口的，但又有些微差异使成菜形成多层次的口感，色泽上也以鲜明互补为主，使菜品亮丽诱人，加上各种食材滋味不同也形成层次，因此在调味上以咸鲜味来串连、平衡多种层次的口感、颜色与滋味。

原料：
煮熟压平猪耳 200 克（做法见第 30 页，白煮工艺三），荷兰豆 100 克，虫草花 25 克，大葱段 20 克，红甜椒 15 克

调味料：
川盐 2 克，味精 5 克，白糖 1 克，橄榄油 30 克，香油 10 克

做法：

❶ 干虫草花用凉开水涨发好。荷兰豆切成二粗丝后入开水锅中余水、漂凉。

❷ 将压平整后的猪耳切成细丝。大葱、红甜椒切成细丝漂水。

❸ 将切好的耳丝、荷兰豆丝、虫草花放入盆中，下入川盐、味精、白糖、橄榄油、香油调味拌匀。

❹ 装盘，点缀大葱丝、红甜椒丝成菜。

【美味秘诀】

❶ 干虫草花必须在出菜前 3 小时就入水涨发，才能完全发透。

❷ 煮猪耳时可以加些川盐，调入一定的底味。煮熟的猪耳必须压平，否则成菜不容易切成粗细均匀的丝，影响成菜的美观。

❸ 荷兰豆切成的丝要粗细均匀，入开水锅后断生即可，不宜煮的过久，才能保持成菜口感脆爽、色泽鲜绿，并与耳丝、虫草花、甜椒丝的爽脆口感相呼应。

菜品变化：
酸辣虫草花、爽口虫草花、虫草花拌盐焗鸡等。

红油耳片

色泽红亮，咸鲜微辣，回味略甜

味型：红油味
烹调技法：煮、切、拌

红油是川味凉菜中必不可少的调味品，想做好川味凉菜就必须精通红油的炼制方法与相关香料对风味影响的知识。要做出地道的四川风味红油的两大要素就是需选用川西坝子产的二荆条辣椒和纯菜籽油炼制。

川西坝子产的二荆条辣椒特点是色泽红亮、香气浓郁、微辣，通过炼制，这样的特点能很完整地转移到红油成品，是炼制红油的首选。其次是纯菜籽油，最好是农村小作坊现炒现榨的，刚榨出的菜籽油，其独特的香气十分浓郁，就是隔了几条街都闻得到，出了四川的红油常让人觉得少了一味，关键就在纯菜籽油的香气，现今超市买到的菜籽油，经过了精炼、除杂质的过程，香气成分也被除掉了一大部分。

原料：
煮熟压平猪耳 200 克（做法见第 30 页，白煮工艺三），葱花 20 克

调味料：
川盐 3 克，味精 5 克，白糖 5 克，酱油 10 克，香油 10 克，蒜水 50 克，红油 20 克

做法：

❶ 将压得平整的猪耳切成薄片装盘。

❷ 将川盐、味精、白糖、酱油、香油、蒜水入盆内搅匀。

❸ 再加入红油调匀成红油味汁，淋在盘中的耳片上，点缀上葱花提色增香成菜。

【 **美味秘诀** 】

❶ 若手边有香料白卤水，煮猪耳时就可以加入少量，可以去除部分腥味，增加耳片的香味。

❷ 猪耳一定要煮㸆，成菜口感才能软糯脆口。因猪耳内含有脆骨，若没有煮㸆，当冷却后猪耳的肉质容易反硬。

❸ 猪耳煮熟后一定要趁热用平整的重物将猪耳压平，方便刀工处理，成菜后的形状才美观。

❹ 此菜肴的主要风味是通过红油呈现，掌握红油味的风味特点及调制比例是突出风格的重点。

菜品变化：
红油鸡片、大刀耳片、晾干耳片等。

香菜核桃肉

入口干香，麻辣爽口

味型： 藤椒麻辣味
烹调技法： 卤、拌

　　"核桃肉"是四川人对猪头两侧腮部瘦肉的称呼，因瘦肉分布均匀却不规则似核桃而得名，因其香嫩有劲而受喜爱。在大酒店中较少使用，一般在"冷淡杯"夜宵小馆子上，经卤制后搭配干辣椒碟供客人佐酒的较为普遍。这里通过味的精致与个性化将佐酒小菜提升，核桃肉先用香料卤制熟后，再以麻辣味为底味加上藤椒油为整体风味添上爽香感，风味独具一格。

原料：
红卤猪头核桃肉 250 克（做法见第 33 页，卤制工艺），香菜 30 克，小米辣椒 20 克，鲜青花椒 20 克

调味料：
川盐 2 克，味精 5 克，干辣椒粉 30 克，花椒粉 5 克，藤椒油 30 克，香油 20 克，红油 30 克

做法：
❶ 将香菜、小米辣椒切成 0.5 厘米长的段。

❷ 将川盐、味精、干辣椒粉、花椒粉、藤椒油、香油、红油放入盆中拌匀，调好味。

❸ 将沥干水气的红卤核桃肉切成厚 0.2 厘米的片，下入调好味汁的盆中拌匀，再加香菜、小米辣椒、鲜青花椒拌匀，即可装盘成菜。

【美味秘诀】
❶ 核桃肉要选瘦肉多、个头大小均匀的。

❷ 红卤水的颜色不宜过深，避免成菜色泽发黑，且红卤水盐味不能过重，因卤好后还要加味拌制，成菜口味才不会过咸。

❸ 拌制时调味使用的总油量（红油、香油、藤椒油）不宜过重，这样成菜口感才能保有干香的特点。

菜品变化：
干拌牛大肚、干拌牛肉、麻辣鸡丝等。

五香猪拱嘴

入口滋糯、香醇、化渣，五香味浓郁

味型： 五香味、麻辣味干碟
烹调技法： 卤

　　"拱嘴"算是四川人对猪嘴的一种尊称，就是猪鼻嘴至鼻樑间的一段，其特点在于胶质多而滋糯。成都夜宵摊或馆子上常见的两种做法为红卤与腌腊，味美且适合佐酒，无需再次调味，直接成菜，操作方便。五香味的红卤拱嘴入口滋糯、香醇、化渣。而腌腊味的腊味拱嘴，入口烟熏味浓厚，干香可口，有十足的嚼劲且越嚼越香。

原料：
红卤猪拱嘴 350 克（做法见第 33 页，卤制工艺）

调味料：
川盐 1 克，味精 1 克，香油 10 克，花椒粉 1 克，辣椒粉 4 克

做法：

❶ 取川盐加味精、花椒粉、辣椒粉拌匀后置于味碟中，即成麻辣味干碟。

❷ 将卤制好、冷却的猪拱嘴切成厚 0.2 厘米的薄片装盘。

❸ 在猪拱嘴片上刷上一层香油，再配上麻辣味干碟一起上桌。

【美味秘诀】

❶ 红卤水要依食材做调整，此菜品的卤水香料风味一定要浓厚，咸淡要合适，是呈现成菜特点的重要基础。

❷ 掌握猪嘴在卤水锅内的卤制时间，以 30～40 分钟为宜，入口滋糯带点嚼劲为佳。

菜品变化：
青椒炒猪拱嘴、豆干烟熏猪拱嘴、豆渣蒸猪拱嘴等。

川味香肠

色泽红亮，入口干香，麻辣味浓郁

味型：麻辣味
烹调技法：熏

原料:
猪前夹肉 5 千克,肠衣 3 米,辣椒粉 150 克,花椒粉 50 克

调味料:
川盐 75 克,味精 100 克,冰糖 50 克,白酒 50 克

做法:

❶ 猪前夹肉去皮,改刀成长 6 厘米、宽 4 厘米、厚 0.4 厘米的片放入盆中,将白酒加入肉片中拌均匀。

❷ 再将川盐、味精、冰糖、辣椒粉、花椒粉下入盆中和肉片拌至盐糖溶化而均匀。

❸ 取一直径约 2.5 厘米,圆管状的模具套上全部的肠衣,再从管中将拌匀调味料的肉片逐一灌入肠衣内。

❹ 每灌一段就取 20 厘米长挤成一小段。逐一将肉片灌完挤紧,捆好。

❺ 将挤好的香肠生胚挂于通风处晾 2~3 天至外表水气干。

❻ 熏制 5~6 天(做法见第 34 页),至香肠整体干透后即成。

❼ 熏好后的香肠先用 80℃的水浸泡 2 小时,清洗干净后再上蒸笼,大火蒸 30 分钟,取出凉透。

❽ 将香肠切成 0.3 厘米厚的片,即可装盘成菜。

建议熏制材料:
柏树桠、松树锯木屑、花生壳、柳丁皮

【美味秘诀】

❶ 猪肉一定要选新鲜的去皮前夹肉,以肥肉三成瘦肉七成的肥瘦组合最佳,做好的香肠口感才滋糯。

❷ 辣椒粉、花椒粉需根据成菜的要求、个人口味的偏好调整比例。

❸ 猪肉片也可依口感偏好切成小块或小条状。

❹ 做成的香肠口味要好且色泽均匀的关键在于将肉和各种调味料拌均匀。

❺ 要控制好灌肉片的量,不宜灌的过紧,容易将肠衣灌破,影响成形美观;若灌的太松,香肠成形塌陷不好看,改刀切片时容易散开不成形。

❻ 根据口味的不同,除了烟熏外,也可以直接风干,大约要在步骤 5 的基础上多风干 3 天。不论是烟熏或风干,都不能将香肠的水分整得过干,否则成菜口感发干、老韧。

川味香肠是四川人每年春节的必备食品,也是天府之国的特产之一,带麻辣味是与其他地方香肠的最大差异点。香肠在四川可以说是家家必备、人人爱吃、老少会做、烹煮简单方便。香肠从外观看,制作方法似乎很简单,但是实际操作起来却十分讲究,根据个人对肉的口感喜好不同,选用哪个部位的肉?需要搭配多少比例的肥油或板油?而滋味喜好的不同,花椒、辣椒的用量比例也不一样。灌制好吃的香肠,也要根据有人喜欢吃烟熏味的,有人喜欢吃风干原味的来选择何种干制程序。这里的配方、做法是入厨以来,普遍觉得好吃的,读者可在尝试制作后再微调出属于自己的独家配方。

菜品变化:
牛肉香肠、豆腐猪肉香肠、烟熏马肠等。

广味腊肠

入口咸甜，滋糯香醇

· ·

味型：甜咸味
烹调技法：熏

　　香肠在四川地区大多以麻辣味为主，随着口味的变化和餐饮市场的多元发展，食客对吃是越来越讲究了，除了美味还要新奇，就像在麻辣味的刺激过后人们总想来点清淡爽口的泡菜解腻养胃。因此借鉴了广东的香肠入口甜咸特点再结合四川人的口味偏好，调制出了甜度稍低、咸鲜回甜的川式"广味香肠"。成菜后色泽红亮、晶体透明、滋糯鲜香、咸鲜回甜。

菜品变化：
广味鸡肉肠、皮蛋瘦肉香肠、花生香肠等。

原料：
猪前夹肉 5 千克，肠衣 3 米

调味料：
川盐 30 克，冰糖 150 克，白酒 30 克

做法：

❶ 前夹肉去皮，改刀成长 6 厘米、宽 4 厘米、厚 0.4 厘米的片放入盆中，将白酒加入肉片中拌均匀。

❷ 把冰糖压成细碎状与川盐一起加入盆中，与肉片拌至盐糖溶化而均匀。

❸ 取一直径约 2.5 厘米，圆管状的模具套上全部的肠衣，再从管中将拌匀调味料的肉片逐一灌入肠衣内。

❹ 每灌一段就取 20 厘米长挤成一小段。逐一将肉片灌完，挤紧捆好。

❺ 将灌好的香肠生胚挂于阴凉通风处晾 2~3 天至外表水气干。

❻ 取下外表风干的香肠生胚用热毛巾将香肠表面的腺体擦干净，改挂于有阳光或通风处晾晒 10 天左右至干即成腊肠。

❼ 风干后的腊肠用 80℃的水浸泡 1 小时，清洗干净后再上蒸笼大火蒸 30 分钟，取出凉透。

❽ 将腊肠切成厚 0.3 厘米的片装盘即成。

【美味秘诀】

❶ 猪肉一定要选新鲜的去皮前夹肉，腊肠以肥瘦各五成的组合最佳，成菜色泽透明、口感滋糯。

❷ 可根据成菜的要求、地方偏好或个人口味调整川盐和冰糖的比例。

❸ 猪肉也可依口感偏好切成小块状或小条状。与调味料混合抄拌时要充分拌匀，做好的腊肠滋味和色泽较佳。

❹ 以肠衣灌制的菜品都要控制好灌制的量，过紧容易将肠衣灌破，太松香肠成形不好看，改刀切片时也容易散。

❺ 根据此菜的成菜要求与确保地方美食风味和文化特点，广味腊肠只能风干，不能熏。

水晶牛肉

晶莹透亮，滋糯爽口，咸鲜微辣

....

味型： 鲜椒味
烹调技法： 冻

牛肉在四川地区不止是菜品多，烹调方法也相当多样，无论是凉菜或是热菜，烹调变化数不胜数，煎、煮、炒、炸、烧、卤、蒸、拌……，可说是将牛肉的吃法发挥得淋漓尽致。水晶牛肉是利用猪皮、猪蹄等胶质浓厚食材熬制成的鲜香皮冻汁，将卤制好的牛腱肉切成小块后，放入熬制好的皮冻汁内，调味后凝固即成水晶牛肉生胚。因为牛肉成形后晶莹透明、发亮而得名。

原料：
红卤软炒牛腱子肉 300 克（做法见第 33 页），猪皮冻汤汁 600 克（做法见第 31 页）

调味料：
川盐 5 克，味精 4 克，白糖 2 克，鲜辣味碟或麻辣味干碟一份（做法见第 19 页，用鲜辣味碟二配方），吉利丁粉适量

器具：
长约 20 厘米、宽约 12 厘米、高约 8 厘米的长方形模具 1 个

做法：

❶ 将卤熟放凉牛腱子肉切成长宽各约 3 厘米，厚约 0.3 厘米的块。

❷ 猪皮冻汤汁以小火加热到完全融化后，下入吉利丁粉并搅至溶化均匀。

❸ 取细网滤筛将热汤汁的细渣过滤掉，再用川盐、味精、白糖调味。

❹ 过滤好的热汤汁中加入步骤 2 切好的牛肉块，搅匀后将牛肉、汤汁一起倒入长方形模具内，冷却后即成水晶牛肉。

❺ 根据成菜的要求及特点，将水晶牛肉改刀成片或丁状后装盘，配上鲜辣味碟或麻辣味干碟成菜。

【美味秘诀】

❶ 注意吉利丁粉的投量标准，量多了皮冻的口感不够细嫩，量少则皮冻的黏性较差，成形后容易破碎。

❷ 牛腱子肉一定要卤的比较软烂，但是必须凉透后改刀才能成形不破碎，让口感与皮冻相呼应，成菜才能精致而口感细嫩。

❸ 特色滋味的突出主要靠味碟，因此要掌握好鲜辣味碟和麻辣干碟的调制比例，调出风格是与众不同的关键。

菜品变化：
水晶烫皮兔、水晶猪蹄、水晶肘子等。

麻辣牛肉干

入口质地干香、回味麻辣厚重

味型：麻辣味
烹调技法：炸收

"麻辣牛肉干"是川菜中的一道名菜，远近闻名，在四川更是老少皆宜。因为携带方便，也是出外旅行必备的小食品之一。四川牛肉干是精选上等的黄牛后腿肉，经过腌制、刀工、烘烤、蒸煮、炸收等技法成菜，成菜色泽红亮、入口干香、麻辣味浓厚、回味悠长，但传统制作方式虽能让口感、滋味更佳，但却太繁琐而不适合在家中或酒楼制作。这里采用在传统的操作流程上加以改进的烹调法，将牛肉入卤水锅内卤制成熟、浸泡入味后，冷却改刀成小条状，入油锅内炸干水气出锅沥油，调味料炒香后下炸干水气的牛肉收干汤汁而成麻辣牛肉干。

原料：
红卤炟软牛后腿肉 500 克（做法见第 33 页），干辣椒粉 75 克，白芝麻 25 克，花椒粉 20 克

调味料：
川盐 3 克，味精 2 克，料酒 30 克，白糖 5 克，香油 20 克，红油 150 克，色拉油适量

做法：

❶ 将放凉的红卤炟软牛后腿肉切成粗 0.5 厘米、长 6 厘米的条状。

❷ 于炒锅中加入色拉油至七分满，开大火烧至六成热，下切好的牛肉条入油锅内，炸干水气，出锅沥油。

❸ 另取干净炒锅加入红油，开小火烧至三成热，下干辣椒粉炒香后再下炸好的牛肉干，烹入料酒翻炒后，下川盐、味精、白糖、香油、白芝麻、花椒粉。

❹ 炒至香气四溢时出锅即成。

【美味秘诀】

❶ 制作牛肉干最好选牛后腿肉，口感细嫩化渣。在刀工处理时也容易成形、完整。

❷ 牛肉一定要卤炟至入味，才能让做好的牛肉干口感细嫩而滋润。

❸ 炸牛肉要使用偏高的油温，但不要过高或炸的时间过久，否则牛肉干成菜后发干，失去应有的滋润和嚼劲。

❹ 炒辣椒粉的油温要低，过高的油温容易将辣椒粉炒煳，使色泽发黑并夹带焦味。

菜品变化：
麻辣泥鳅、花椒脆皮兔、冷吃鸡丁等。

凉菜
41.

椒圈兔丝

色泽鲜明，肉质细嫩，麻香可口

味型：鲜麻味
烹调技法：煮、拌

四川地区盛产辣椒，但四川人爱辣椒的各种香，爱各种辣椒的艳丽颜色，爱辣椒的辣与花椒的麻是绝配，唯独不爱高辣度的辣椒，因为太辣就尝不到其他味，丰富的味对川菜来说永远是最高原则，也因此才能将带辣椒的菜肴做得百花齐放。如果用辣度评价川菜，对四川厨师或四川人来说是一种污辱。

每年的六月，四川当地的二荆条辣椒上市，色泽碧绿、肉厚质脆、辣味适中而清香。二荆条辣椒既可以单独成菜也可以做调味料来食用。即使直接下饭吃也是香得很，简单烹调就可以当做下酒菜。这里充分运用二荆条辣椒的清香微辣再搭配藤椒油的麻香味、醋的酸香结合兔肉的细嫩滑爽，是夏季一款让人食指大动的美味佳肴。

原料：
煮熟带皮兔肉 200 克（做法见第 29 页，白煮工艺二，工序 2），箭笋 75 克，青二荆条辣椒 300 克

调味料：
川盐 3 克，味精 5 克，陈醋 20 克，辣鲜露 10 克，鲜味汁 10 克，藤椒油 20 克，香油 10 克，冷鲜高汤 200 克

【美味秘诀】
要想成菜的色泽更加碧绿、清香，可将最后步骤的淋油改用微波炉处理，方法是将藤椒油、香油、二荆条辣椒段放入碗中，置于微波炉内，再用高温加热约 3 分钟即可淋入菜品中。

菜品变化：
藤椒鸡片、椒香口口脆、灌汤牛肉等。

做法：

❶ 青二荆条辣椒切成 1 厘米长的段，去辣椒籽。

❷ 箭笋切成二粗丝氽水、漂凉、垫于盘底。

❸ 将煮熟浸泡在汤中完全冷却的兔肉切成二粗丝后摆放在箭笋丝上面。

❹ 将川盐、味精、陈醋、辣鲜露、鲜味汁、冷鲜高汤调味后灌入兔肉丝内。

❺ 炒锅中加入藤椒油、香油开小火烧至三成热，放入二荆条辣椒段炒香出锅，淋在兔肉丝的周围即可。

五香酱板兔

色泽红亮，酱香味浓厚，咸鲜可口

味型： 酱香味
烹调技法： 酱、熏

四川人爱吃兔肉，因此发展出来的兔肉菜肴做法很多，凉菜中有拌、熏、卤、炸收等，热菜中有炒、烧、烤、干锅等。兔子全身各个部位都可制作成不同的菜肴。根据成菜特点的要求和口味的变化有鲜辣味、麻辣味、孜然味、咸鲜五香味等。这里选用酱与熏的技法，味型上是在五香味和烟熏味的基础上改良而成，要体现的是浓浓的传统情感味觉，虽然新奇的菜品可以让人眼睛一亮，但创新的传统风味却可以让人闭上眼睛细细咀嚼那久远的记忆。

原料：
酱制风干的板兔（去皮兔）200 克（做法见第 33 页）

调味料：
香油 5 克

做法：

❶ 将酱制风干后的兔肉用约 60℃温水浸泡 3 小时，洗净外层的酱料。

❷ 将洗净的酱兔肉上蒸笼大火蒸 30 分钟至熟透。取出冷却。

❸ 将蒸熟冷却后的兔子肉斩成小件装盘，刷上香油成菜。

【美味秘诀】
掌握酱制好的兔肉浸泡时间和蒸制时间，过久酱香味会被稀释而不够浓郁，太短则咸味太重，口感粗糙。

菜品变化：
麻辣板兔、风干红板兔、樟茶板兔等。

凉菜
43.

什锦泡菜

入口脆爽 . ，酸辣开胃

味型： 酸辣味
烹调技法： 泡

100

"泡菜"是四川地区家家必备的美食，可直接吃也可当做配料做菜，几乎家家会做，餐前饭后百吃不厌。四川泡菜与其他地方泡菜最大的不同就在于只用盐水泡入食材养出酵母菌，因此泡菜水是"活的"，会因温度、湿度、氧气浓度、外界杂菌而变化。从需要长时间泡制的陈年老泡菜，到酒店、餐馆多会免费提供，只要泡上半天或一天就能吃的洗澡泡菜都是运用同样的概念，只是洗澡泡菜的酵母菌来不及养，所以必须不定时地添加老泡菜水，维持酵母菌的独特酸香风味。这样泡成的菜口感脆嫩、酸香开胃。若是制作老泡菜，经验不足的人常会泡出一坛"花"，泡菜水一生花就表示已生出有害人体的菌种，这坛泡菜就全报销，还好洗澡泡菜不容易有此问题。

传统工艺流程的最初目的主要是保存食物，因此只泡制植物类脆性食材。但现代餐饮需求是多元变化和工艺简化，因此不适合长时间泡制的荤料食材、海鲜类食材就以下泡菜水"洗澡"的方式泡制成菜。因而成就了现今以荤素搭配、内容丰富而闻名大江南北的什锦泡菜。此菜品的原食材普遍、广泛而取得简单，成菜新颖、口味独特而深受食客的喜爱。

原料：
煮熟猪耳朵 60 克，煮熟猪尾巴 80 克，煮熟凤爪（预先斩小件再煮）120 克（做法见第 30 页，白煮工艺三），西芹 50 克，莴笋 50 克，胡萝卜 50 克，黄甜椒 50 克，野山椒 300 克，干花椒 50 克，干辣椒 100 克，姜片 30 克，大葱段 60 克

调味料：
川盐 10 克，味精 5 克，白糖 3 克，山椒水 100 克，白醋 50 克，水 2000 克

做法：

❶ 取汤锅加水 2000 克大火烧开后离火放至冷却。

❷ 莴笋、西芹、胡萝卜、黄甜椒分别去筋后切成小一字条。

❸ 往凉开水汤锅下野山椒、干花椒、干辣椒、姜片、大葱段、川盐、味精、白糖、山椒水、白醋搅匀调味后即成泡菜水汁。

❹ 将漂凉的猪耳朵切成厚约 0.2 厘米的片；漂凉的猪尾巴斩成小一字条状。分别下入凉开水中（另取）漂尽油脂。

❺ 将处理好的猪耳朵片、猪尾巴、凤爪、西芹、莴笋、胡萝卜、黄甜椒放入泡菜水汁内拌匀，静置，泡约 24 小时后即可装盘享用。

【美味秘诀】

❶ 煮熟的猪耳朵、猪尾巴必须放冷后方可改刀，这样成形才能整齐、光滑而美观。

❷ 猪耳朵、猪尾巴、凤爪等肉类食材煮熟后务必用水冲、漂净血水、油脂，才能避免泡制过程中泡菜水生花，影响口味和感官。

❸ 开始起泡菜水时，用的自来水必须先烧开后放凉，才能做泡菜水，卫生也避免影响口感、品质。若可取得井水或纯净山泉水来起泡菜水，成菜的风味将更细致。

❹ 食材泡制的时间必须在 12 小时以上才能完全入味。但也要避免浸泡过久，否则容易发软、变质而影响口感。

菜品变化：
山椒凤爪、跳水耳片、盐水牛百叶等。

卤水拼盘

入口滋糯，五香味浓郁

味型： 五香味
烹调技法： 卤

卤水在川菜中使用相当广泛，特别是夏天大众餐饮中的冷淡杯、夜啤酒这类的宵夜餐馆，一眼望去，几乎都是用卤水来卤制的各种美味佳肴作为主打菜品，供好吃嘴们享用。川式卤水多五香而咸鲜，搭配麻辣味碟食用，可随意在清淡与刺激中转换，而香气回味悠长让人满足。在炎热的夏天邀三五好友摆龙门阵，在晒坝空地的沙滩椅上一坐，点上几道卤菜加上几瓶冰镇啤酒作伴侣，让人感到生活也可以这么舒适安逸，体会到卤菜的美味精髓。

【美味秘诀】

❶ 掌握卤水色泽的深浅程度，是保证成品色泽的关键。

❷ 掌握原料质地的老嫩，入锅卤制的时间长短，先熟的原料一定要先捞，后熟的原料一定要后捞。

❸ 注意原料的刀工处理要均匀，这是保证成菜形状美观的关键。

菜品变化：
香酥鸭、五香鹅翅、卤牛肉等。

原料：
卤制好的猪耳朵 1 个、猪尾巴 2 根、牛腱子 200 克、猪舌 1 个、豆腐干 2 块（做法见第 33 页）

调味料：
香油 20 克，麻辣味干碟 1 份（做法见第 19 页）

做法：

❶ 将卤制好放凉的猪耳朵、牛腱子、猪舌、豆腐干切成薄片。

❷ 卤制好放凉的猪尾巴斩成小段。

❸ 将切好的猪尾巴、猪耳朵、牛腱子、猪舌、豆腐干分别装盘或摆成拼盘，刷上香油搭配麻辣味干碟即可上桌。

凉菜
45.

夫妻肺片

麻辣鲜香，质地炽软可口

味型：麻辣味

烹调技法：煮、拌

103

夫妻肺片

麻辣鲜香，质地炣软可口

味型：麻辣味
烹调技法：煮、拌

　　"夫妻肺片"是川菜中的一道特色名菜，源自 60 多年以前，成都的郭朝华、张田正夫妻二人在皇城坝卖麻辣肺片为生，除了牛肺片，另有牛头皮、心、肚、舌等牛杂，故一开始称之为"废片"，因为让人有不佳的联想而改用同音的"肺"字，但现今多无牛肺片在其中，所以菜名的"肺"字常让人猜疑。夫妻两人从提篮叫卖到摆摊设点招客，到后来开店经营都夫唱妇随、形影不离，加上他们的肺片注重选料、做工精细、调味考究而具特色，深受消费者的喜爱，好吃嘴为区隔一般店家的"麻辣肺片"，介绍时常说那"夫妻俩的麻辣肺片"，加上热心食客的建议，他们就将此美味命名为"夫妻肺片"而沿用至今。

菜品变化：
干拌牛大肚、麻辣牛舌片、水晶牛头皮等。

原料：
白煮熟透之牛肉 30 克，牛头皮（煮至炣软）50 克，牛大肚（蜂巢肚）30 克，牛心 20 克，牛舌 20 克（做法见第 30 页，白煮工艺四），芹菜 10 克，香菜 10 克，酥花生米 20 克

调味料：
川盐 2 克，味精 2 克，酱油 10 克，白糖 3 克，花椒粉 10 克，原卤汤汁 50 克（卤制此菜食材的卤汤），香油 20 克，红油 50 克

做法：

❶ 将白煮熟透的牛肉、炣软牛头皮、牛大肚、牛心、牛舌晾干水气、放至凉透，再分别切成厚约 0.2 厘米的薄片。

❷ 芹菜、香菜切成 2 厘米长的段。

❸ 将川盐、味精、酱油、白糖、花椒粉、香油、红油、原卤汤汁下入搅拌盆中搅匀，调制成麻辣味汁。

❹ 接着下牛头皮、牛肉、牛大肚、牛心、牛舌片拌匀，再放入芹菜、香菜、酥花生米拌匀装盘成菜。

【美味秘诀】

❶ 掌握牛头皮、牛肉、牛大肚、牛心、牛舌分别熟透的时间和软硬程度。根据质地的老嫩不同掌握煮的时间长短，先熟、软的原料要先捞起来。

❷ 调味时对花椒粉、辣椒的选料要求很高。花椒要麻香味充足，辣椒要辣而香，才能达到成菜的麻辣味回味悠长的要求。

❸ 牛头皮一定要煮得特别炣软。否则放凉后牛头皮胶质过重，质感会发硬，无法体现软糯、精致的口感变化。

生椒牛百叶

入口脆爽，鲜辣味浓郁

味型：鲜辣味
烹调技法：拌

牛百叶又名千层肚，即牛的瓣胃，烹煮恰当则质感脆嫩爽口，这口感的关键在于烹煮时间要短，刚断生是口感最佳的状态，因此成菜方式就以凉拌、爆炒、涮火锅等为主。此菜借鉴毛肚质地的脆爽再结合鲜辣味汁的爽辣清香，形成滋味的舒爽与口感的舒爽相呼应。在炎热的夏季会立刻打开你的味蕾，让你那热的发晕的胃口启动活力、大快朵颐。

原料：
牛百叶 300 克，小米辣椒 20 克，大蒜 10 克，大葱 20 克，大甜椒 15 克，香葱花 20 克

调味料：
川盐 3 克，味精 5 克，美极鲜 10 克，辣鲜露 15 克，藤椒油 10 克，香油 20 克

做法：

❶ 牛百叶切成片后，入开水锅中以大火汆水断生后，随即捞起晾凉。

❷ 小米辣椒、大蒜分别剁碎成末。大葱、大甜椒分别切成细丝泡水 10 分钟后，捞出沥水铺于深盘中。

❸ 将川盐、味精、美极鲜、辣鲜露、藤椒油、香油入搅拌盆中搅匀后，放入小米辣椒末、大蒜末拌匀，再放入牛百叶丝拌匀。

❹ 将拌匀后的牛百叶装入步骤 2 的盘中，点缀香葱花增香提色即成菜。

【美味秘诀】

❶ 牛百叶的刀工处理不宜过细，太细一入开水锅中就会严重卷曲，使得成菜口感不够脆爽。

❷ 拌制时若小米辣椒过多，辣味会变呛，而影响食用时的爽口感。一般是小米辣椒 2 份、大蒜 1 份。但最终应依据小米辣椒的辣度微调。

菜品变化：
生椒牛肉、生椒拌鹅肠、生椒豆腐皮等。

蒜香脆皮鸡

入口干香，蒜香味浓郁

味型： 蒜香味
烹调技法： 腌、炸

此菜借鉴粤菜"蒜香排骨"的风味与做法，取其蒜香味浓、入口干香带劲，缺点是油炸火候不对时，口感常会变的老韧。这里将原材料改为三黄鸡，加上长时间腌渍使其入味透骨，长时间烤制以软化肉质，就能在干香之余保有适当的口感。其次是这样长时间的工序可以缓解厨房备料的时间压力，又方便大量制作，现炸可当热菜吃，预先炸制就是热菜凉吃，色泽黄亮、蒜香味浓郁、表皮入口脆爽的风味一样不减。对一般家庭而言也可在空闲时将菜品备起，下班回家时，斩块就能上桌享用。

原料：

治净三黄鸡 1 只（约 350 克），五香粉 20 克，大蒜泥 100 克，洋葱碎 100 克，蒜香粉 50 克

调味料：

川盐 5 克，味精 5 克，白糖 5 克，香油 10 克，麦芽糖 10 克，大红浙醋 50 克

做法：

❶ 将治净的三黄鸡放入盆中，用川盐、味精、白糖、五香粉、洋葱、大蒜泥、蒜香粉抹匀后，置于冰箱冷藏室中腌制 7 天左右，翻面再腌制 3 天。

❷ 将麦芽糖、大红浙醋放入碗中搅匀调制成脆皮水。

❸ 取出腌制好的三黄鸡拍去料渣，入开水锅中氽水约 3 分钟，出锅趁热抹上脆皮水。

❹ 将抹上脆皮水后的三黄鸡送入烤炉内，以上下火各 160℃的火力烤约 1 小时至熟透。

❺ 将烤好后的三黄鸡下入五成热（约 150℃）的油锅中炸至皮脆肉嫩。出锅沥油即可装盘成菜。

【美味秘诀】

❶ 注意腌制食材的时间，避免成菜的蒜香味不够浓厚。

❷ 控制好全鸡入烤炉内的火力大小及烤制的时间，这是鸡肉成菜后是否柔嫩多汁的关键。

❸ 掌握炸鸡的油温，过高时表皮色泽容易发黑而影响成菜美观，过低则无法使鸡皮脆口。

菜品变化：

蒜香掌中宝、五香脆皮鸭、甜皮鸭等。

棒棒鸡

麻辣味浓厚，肉质富有弹性

味型： 麻辣味
烹调技法： 煮、拌

　　"棒棒鸡"是四川雅安荣经地区的一道地方特色名菜，挑选当地放养的跑山土公鸡，精心处理、调味加独特的刀工工艺，让此菜不只美味更添上些许趣味。其刀工独特之处在于一人持刀，一人用木棒槌敲打刀背，将鸡斩成片，特点是鸡肉片刀口整齐而薄，且片片带骨，成菜精致。且这样斩出的鸡肉片因肉纤维未被过度拉扯，所以鸡肉入口筋道而绵嫩，吸附的飘香红油虽薄但因肉片也薄而十足够味，入口微辣而悠长、麻香爽口。

原料：
煮熟土公鸡半只（约600克）（做法见第28页，煮烫工艺一），油酥花生 15 克

调味料：
川盐 3 克，味精 5 克，白糖 3 克，酱油 10 克，花椒粉 10 克，香油 15 克，红油 50 克，白芝麻 3 克，煮鸡的冷鸡汤 200 克

做法：

❶ 将煮熟、沥干水分、凉透的土公鸡以一人持刀，一人用木棒敲打刀背的方式斩，逐一将鸡肉斩成连皮带骨的薄片。

❷ 将川盐、味精、白糖、酱油、花椒粉、香油、煮鸡的冷鸡汤放碗中搅匀调味后，淋于鸡肉上再淋入红油，点缀油酥花生、白芝麻增色增味即成。

【美味秘诀】

❶ 此菜品重点在于品尝鸡肉的美味，因此注重选料，选用的活土公鸡控制在 2 千克（治净的大约 1.5 千克）的重量为宜，其肉厚而结实，富有弹性。

❷ 此菜品的风味重点在土公鸡肉富有弹性的绝佳口感，因此要避免煮的时间过长，鸡肉爬软了，不只不成形，整个口感、滋味的特色全失。

❸ 此菜的滋味关键是花椒要香而麻味十足，红油要红亮且辣、香而不燥。

菜品变化：
麻辣鸡块、红油鸡片、干拌土鸡等。

酱鸭舌

色泽红亮，酱香味浓

味型：酱香味
烹调技法：腌、蒸

酱制类的菜品几乎各菜系都有，除四川外，就属杭州的"西湖酱鸭"较为出名，因其先盐腌后用酱油酱，所以酱色黑红，香味浓郁而回甜。四川的鸭舌类菜品多半制作工艺流程考究，此菜品结合杭州酱鸭香味浓郁而回甜的特点，综合川人的喜爱用甜面酱的酱制口味与传统工艺，制作成了这款酱鸭舌。

原料：
鸭舌 300 克

调味料：
川盐 1 克，味精 5 克，醪糟 10 克，甜面酱 50 克，白糖 5 克，花椒粉 2 克，香油 10 克

做法：

❶ 将川盐、味精、醪糟、甜面酱、白糖、花椒粉放入盆中拌匀，调制成酱料。

❷ 将鸭舌入开水锅中汆水后立即出锅，去净舌苔，沥干水分。

❸ 将处理干净后的鸭舌倒入酱料盆中码味并置于冰箱冷藏室中腌制 7 天左右。

❹ 将腌制入味的鸭舌散置于平盘中，于阴凉通风处晾约一周至酱料完全干。

❺ 用约 60℃温水将鸭舌浸泡约 1 小时后，取出洗净酱料。

❻ 泡透洗净的鸭舌置于盘中，上蒸笼用大火蒸 20 分钟取出冷却。

❼ 上菜前刷上香油，装盘即可享用。

【美味秘诀】

❶ 鸭舌下入开水锅中不宜汆煮过久，否则成菜口感偏软，没有咬劲。

❷ 可根据地方对成菜口味的偏好，调整酱料中川盐、醪糟、白糖和花椒粉的比例。

❸ 鸭舌于酱料中腌制的时间最少要在 7 天以上，成菜才会色泽温润讨喜、酱香味浓厚。

❹ 掌握好鸭舌蒸的时间。时间太长鸭舌的质感较软也不成形。时间短则鸭舌未能蒸透，口感不佳，一般以 20 分钟为宜。

菜品变化：
酱猪蹄、酱排骨、酱牛肉等。

麻辣鸭舌

肉质细嫩，麻辣味重

味型：麻辣味
烹调技法：卤、拌

在四川地区，鸭舌的取料稀少，所以价格较为昂贵，在餐馆、酒楼里一般都是以凉菜的方式成菜，且鸭舌自身肉多骨少、口感独特，加上处理费工，在餐馆、酒楼里面还是相对高档的原材料，常用于高档宴席之上。目前市面上的鸭舌多以酱制或烟熏的形式成菜，以半成品的形式销售，滋味大同小异。这里以卤、拌的技巧改变鸭舌给人的既定印象，做为前菜，刺激食欲、麻辣而开胃。

原料：
卤好的鸭舌 250 克（做法见第 33 页）

调味料：
川盐 1 克，味精 5 克，白糖 1 克，花椒粉 10 克，刀口辣椒油 20 克，香油 10 克，白芝麻 5 克

做法：
❶ 将鸭舌沥干水气。

❷ 取川盐、味精、白糖、花椒粉、刀口辣椒油、香油入搅拌盆中搅匀。

❸ 加入卤好的鸭舌拌匀装盘，点缀白芝麻提色增香即成佳肴。

【美味秘诀】

❶ 使用鸭舌的菜肴，鸭舌都需先氽水并去掉表面的舌苔（白膜）以减少腥味。

❷ 卤鸭舌的火力不宜过大，保持似开非开的微沸状焖煮至熟。火力过大会将鸭舌的形冲烂，影响成菜美观。

❸ 最后调制麻辣味时，调入的油脂类调味料不宜过重，否则无法突出麻辣味。

菜品变化：
麻辣凤爪、口味鸭掌、麻辣鸭脖等。

Sichuan Cuisine

热菜

一香

红火

　　川菜是未见其菜，先闻其香的，其香先声夺人。不香？那肯定不是川菜，因为香带出了食欲，让鲜、麻、辣的滋味依序在味蕾上舞动，让人满足。所以懂吃的四川人一说到吃美味，总是说"吃香香"，只有香能够直冲脑门让人得到最大的满足，加上各种滋味、口感的交织，川菜浓郁、爽口、多样、不腻的迷人特质让人不爱上都难。

热菜基本烹调工艺

水淀粉

材料：

淀粉 5 克，水 15 克

做法：

❶ 将淀粉、水放入碗中搅匀即成。

❷ 淀粉与水的重量比是1:3，体积比是1:1，也就是一匙淀粉配一匙水混合即成。

野山椒酸汤

材料：

鲜高汤 150 克，川盐 1 克，味精 5 克，美极鲜 20 克，辣鲜露 15 克，白糖 5 克，陈醋 50 克，野山椒粒 50 克

工序：

❶ 将炒锅置于火炉上，入鲜高汤以中大火烧沸，调入美极鲜、辣鲜露、白糖、陈醋。

❷ 转中小火，再用川盐、味精调味并煮约 20 分钟。

❸ 最后加入野山椒粒略煮即成酸汤。

美味秘诀：

❶ 酸汤的酸与辣要适度而协调，不能是酷酸或是呛辣，破坏主料风味。

❷ 凉菜的酸汤待放凉后，要冰镇 2~3 小时以后再取出使用，滋味更醇。

番茄酸汤

材料：

番茄 200 克，泡辣椒末 25 克，野山椒 50 克，姜片 10 克、葱段 15 克，鲜高汤 500 克，化鸡油 50 克

工序：

❶ 将番茄放入沸水锅中烫约 1 分钟，捞出撕去外皮，切成约 2 厘米见方的块。

❷ 将炒锅置于火炉上，下入化鸡油用中火烧至四成热，下泡辣椒末、野山椒、姜片、葱段、番茄块炒香。

❸ 炒至色泽红亮时掺入鲜汤烧沸，熬约 5 分钟后沥去番茄以外的料渣即成。

美味秘诀：

❶ 番茄一定要撕去外皮，否则影响口感。

❷ 番茄的用量要比泡辣椒、野山椒的用量多 3~5 倍。主要是突出番茄的红与酸的感觉。

❸ 炒番茄时火力要小，防止火大粘锅变味。小火炒番茄的时间要长，一定要将番茄炒至香气溢出，色泽红亮。

小米辣椒酸汤

材料：

川盐 5 克，味精 3 克，白糖 3 克，山椒水 20 克，陈醋 50 克，辣鲜露 10 克，美极鲜 10 克，洋葱 50 克，红小米辣椒 60 克，大葱 50 克，青二荆条辣椒 55 克，水 1000 克

工序：

❶ 将所有材料放入锅中，大火烧开。

❷ 随即转小火，熬煮约 20 分钟。

❸ 沥去料渣，冷却后即成。

黄灯笼椒酸汤

材料：

黄灯笼辣椒酱 35 克，野山椒末 20 克，老南瓜蓉 35 克，姜末 25 克、蒜末 25 克，川盐 1 克，味精 10 克，白糖 3 克，白醋 15 克，鲜高汤 500 克，色拉油 30 克

工序：

❶ 炒锅上火，下入色拉油烧至四成热，下黄灯笼辣椒酱、野山椒、姜末、蒜末炒香至颜色黄亮。

❷ 接着加入鲜汤，大火烧沸转中火熬 5 分钟后，下老南瓜蓉、川盐、味精、白糖、白醋调味。

❸ 然后转小火熬约 20 分钟，出锅沥去料渣即成酸辣汤汁。

美味秘诀：

掌握熬制酸汤的方法及比例。加老南瓜蓉的目的是让色泽更加黄亮。

荔枝味酱汁

材料：

番茄酱 30 克，叉烧酱 5 克，白糖 20 克，川盐 1 克，味精 5 克，陈醋 15 克，香油 10 克

工序：

❶ 将番茄酱以中火炒香后，依序加入叉烧酱、白糖、川盐、味精炒拌均匀，使香气溢出。

❷ 再下入陈醋略炒，起锅前下入香油拌匀即成。

特调石板酱

材料：

海鲜酱 15 克，排骨酱 25 克，叉烧酱 25 克，柱侯酱 5 克，沙爹酱 5 克，南乳 20 克，蚝油 10 克，川盐 2 克，味精 10 克，白糖 10 克，香油 10 克

工序：

取一汤碗将所有材料倒入，混和均匀即成特调石板酱。

红汤汤汁一

材料：

郫县豆瓣末 30 克，泡辣椒末 20 克，姜末 25 克，蒜末 25 克，大葱末 50 克，八角 10 克，干花椒 3 克，干辣椒段 15 克，川盐 3 克，味精 10 克，料酒 15 克，胡椒粉 2 克，白糖 3 克，香油 10 克，鲜高汤 2000 克，色拉油 75 克

工序：

❶ 将炒锅置于火炉上，加入色拉油，大火烧至约四成热时，下姜末、葱末、蒜末、八角爆香。

❷ 此时放入郫县豆瓣末、泡辣椒末、干花椒、干辣椒段炒香至油亮色。

❸ 接着掺鲜汤，转大火烧沸，熬5分钟，沥去汤汁全部的料渣。

❹ 于汤汁中调入川盐、味精、料酒、胡椒粉、白糖和香油等调味后，略煮即成红汤汤汁。

红汤汤汁二

材料： 泡辣椒末30克，郫县豆瓣30克，大葱15克，姜末15克，蒜末15克，鲜高汤600克，色拉油50克

工序：

❶ 将炒锅置于火炉上，加入色拉油，大火烧至五成热时，下泡辣椒末、郫县豆瓣、大葱、姜末、蒜末炒香。

❷ 炒干水气至油色红亮后掺入鲜高汤，大火烧沸熬5分钟，捞去料渣留汤汁即成。

麻辣沸腾油

材料： 色拉油25千克，老生姜片1千克，大葱段2千克，洋葱块2千克

香料： 八角15克，肉桂叶（香叶）20克，干香菜籽500克

工序：

❶ 将色拉油入锅大火烧至七成热，下入老生姜片、大葱段、洋葱块炸香。

❷ 转小火后，下八角、肉桂叶、干香菜籽慢慢炒香。

❸ 慢炒约2小时后，出锅倒入汤桶中，加盖焖48小时再滤去油中料渣即成。

燎烧去毛工艺

适用食材： 猪蹄、肘子、带皮三层肉

工序：

❶ 将食材用炉火烧干净表皮的残毛并烧至表皮微焦。

❷ 微焦的表皮用小刀把烧焦的部分刮洗干净。

❸ 依菜品需要改刀呈块或片。

美味秘诀：

❶ 食材用火烧时必须将残毛烧干净，但要避免将表皮烧烂而影响成菜的外形美观。

❷ 用火烧除毛还能为食材起到除腥膻味增香的效果。

泡椒牛肉

色泽红亮，泡椒乳酸味浓郁，回味略甜

味型： 泡椒味
烹调技法： 烧

　　酸香微辣而开胃的泡椒系列菜在四川广受喜爱，其中泡椒牛肉就是一个经典。但要说最火爆的莫过于"泡椒墨鱼仔"，曾风靡大江南北，无论大到酒店还是小至餐馆，在他们的菜单中都能见到"泡椒墨鱼仔"的踪影。

　　海产类食材对四川这样的省份而言是稀有而陌生的，也因此沿海饕客追捧的"海味"对四川人来说是股怪味。但脑筋灵活的四川厨师以大胆的思路，运用川菜既有的泡椒味型加上沿海城市普通且价格便宜、产量大、品质佳、易于存放、方便运输的食材"墨鱼仔"，两相结合，搭配灵活高超的调味、烹调技法，成菜后其泡辣椒的红亮诱人食欲，入口酸香微辣恰好将四川人不习惯的"海味"减低又提鲜，整体酸香回甜、辣而不燥、开胃爽口，充分将外来食材内化，体现川菜味浓味厚的特色。

菜品变化：
泡椒肉丝、泡椒耗儿鱼、泡椒牛蛙等。

原料：
牛里脊 300 克，小油菜 200 克，黄瓜 75 克，子弹头泡辣椒 200 克，姜末 25 克，蒜末 25 克，二荆条泡辣椒末 75 克，野山椒 25 克，鸡蛋 1 个，淀粉 35 克

调味料：
川盐 3 克，料酒 10 克，味精 5 克，白糖 3 克，醪糟汁 15 克，水淀粉 50 克，香油 10 克，泡辣椒油 50 克，鲜高汤 100 克（做法见第 25 页）

做法：
❶ 将牛里脊去筋、油膜后切成长 5 厘米、宽 3 厘米、厚 0.3 厘米的片，冲净血水后捞出挤干水分，放入盆中调入川盐 2 克、料酒、鸡蛋、淀粉码拌上浆使其入味。

❷ 小油菜择洗干净后，入开水锅中余水至断生，出锅围边。黄瓜去皮和瓜瓤后切成长 4 厘米、宽 1 厘米的条。野山椒切成 0.5 厘米长的小段。

❸ 将炒锅置于火炉上，下入泡辣椒油，以中火烧至四成热，下泡辣椒末、姜末、蒜末、子弹头泡辣椒、野山椒段炒香。

❹ 接着掺入鲜高汤烧开，下入步骤 1 码拌上浆的牛肉片，以中火烧入味。

❺ 用川盐 1 克、味精、白糖、醪糟汁调味；再下黄瓜条、香油搅匀，下水淀粉收汁亮油成菜，出锅装盘。

【美味秘诀】
❶ 牛里脊肉入锅烧的时间也不宜过长，烧的火力过大或时间太长都会影响成菜后牛里脊肉的滑嫩口感。

❷ 掌握泡辣椒油的练制方法。泡辣椒油的香气、滋味和色泽好坏直接决定泡辣椒系列菜品的口味。

❸ 这里运用两种泡辣椒的目的有二，首先二荆条泡辣椒主要起增色和提供酸香味的作用，而子弹头泡辣椒在这里主要是美化菜肴，加强菜肴的乳酸风味。

铁板牛肉

咸鲜味美，香气扑鼻，细嫩爽口

· ·

味型： 蚝油咸鲜味
烹调技法： 炒

"铁板烧"是源于日本、中西合并的高级烹调方式，指在大约 0.8 米 ×1.5 米大小，烧热的厚铁板上于宾客面前将高级食材烹煮成佳肴。在中式烹调中，铁板的尺寸多与一般菜盘差不多，预先烧热后既可以装菜又可以给菜肴保温，或将铁板烧热后，运用铁板的热力使菜肴上桌时仍持续处于烹煮状态。因此铁板菜品的特色就在热烫味美、香气四溢略带焦香，而滋滋作响的声响更增加就餐的热闹气氛。90 年代初，铁板开始运用在中式烹调中。铁板的形状十分多样，有椭圆形、圆形、长方形、多边形等。

原料：

牛里脊 200 克，洋葱 50 克，青甜椒 75 克，红甜椒 75 克，姜片 5 克，大葱段 5 克，鸡蛋 1 个，淀粉 35 克

调味料：

川盐 2 克，味精 10 克，白糖 5 克，料酒 10 克，老抽 3 克，蚝油 25 克，香油 10 克，水淀粉 50 克，奶油 10 克，色拉油适量

做法：

❶ 牛里脊去筋、油膜后切成长 5 厘米、宽 3 厘米、厚 0.3 厘米的片。

❷ 将牛肉片冲净血水，挤干水分。加川盐 1 克、料酒 6 克、老抽、鸡蛋、淀粉码拌上浆使其入味。

❸ 甜椒去籽切成块。洋葱去粗皮后一半切成块，一半切成丝。铁板用炉火烧至热烫。

❹ 将炒锅置于火炉上，倒入色拉油至约六分满，大火烧至四成热时，下牛肉入锅滑散后出锅沥油。

❺ 将锅中的油倒出，留下底油约 35 克，中大火烧至五成热，下姜片、大葱段、青甜椒块、红甜椒块、洋葱块炒香。

❻ 加入步骤 4 滑散的牛肉片后用蚝油、川盐 1 克、味精、料酒 4 克、白糖、香油调味，炒拌均匀，再用水淀粉收汁出锅。

❼ 将烧热的铁板放在垫板上，铁板中放入奶油化开，以洋葱丝垫底，将炒好的牛肉放在铁板上即成。

【美味秘诀】

❶ 铁板必须烧热至烫，成菜才能滋滋作响，烘托就餐气氛。温度不足就不会有声响，只能起保温的作用。

❷ 掌握铁板烧热的程度。烧的过烫容易将垫底的洋葱丝，甚至牛肉烫焦，产生焦煳味。

❸ 洋葱在成菜过程中分两次使用的目的是让成菜有浓烈的洋葱香味，并避免牛肉直接接触铁板的高温而过熟。

❹ 牛肉的色泽深红，所以要先冲干净血水，然后再码拌上浆使其入味，这样成菜的色泽将更加光亮。

菜品变化：

青椒牛肉、泡菜炒牛肉、黑椒牛柳等。

水煮牛肉

麻辣鲜香爽口，肉质细嫩滑烫

• •

味型：麻辣味
烹调技法：煮

　　水煮牛肉的浓厚麻辣味数一数二，更是川菜麻辣味型的代表。

　　四川自贡是井盐的主要产地之一，在上世纪 40 年代以前工业技术不发达的时候，最大的动力来源就是牛力，牛老后不能提供劳力时，就成为食用肉的主要来源，不仅解决当时该地区人们的生存需求，甚至量多过猪肉，比猪肉便宜。据考水煮牛肉就是诞生于川南的盐都——自贡。当时，长时间炖的方式并不适合没日没夜劳动的采盐工人，于是将牛肉入汤水中搭配蔬菜煮熟即食就成了首选的烹煮法，原只是当做简单汤菜烹煮，但感觉味道不够浓厚，疲劳的时候开不了胃口，就加入大量的干辣椒、花椒等刺激性香辛料，经时间淬练形成现今特有的风味。现今的成菜是麻辣味浓厚，牛肉细嫩、蔬菜脆爽而深受南来北往食客的喜爱。

菜品变化：
水煮肉片、水煮鸡杂、水煮毛肚等。

原料：
牛里脊肉 300 克，莴笋尖 100 克，青蒜段 50 克，芹菜段 50 克，香菜段 25 克，鸡蛋 1 个，鲜高汤 300 克（做法见第 25 页）

调味料：
刀口辣椒 75 克（做法见第 20 页），郫县豆瓣 50 克，姜末 25 克，蒜末 25 克，川盐 2 克，料酒 10 克，味精 5 克，白糖 5 克，淀粉 25 克，水淀粉 50 克，香油 10 克，色拉油 85 克

做法：

❶ 将牛里脊去筋后切成 0.3 厘米厚的片，冲净血水后挤干水分，用鸡蛋液、料酒 6 克、川盐 1 克、淀粉码拌上浆使其入味。莴笋尖洗净后切成寸段。

❷ 将炒锅置于火炉上，加入色拉油约 15 克，中大火烧至约四成热，下莴笋尖、青蒜、芹菜入锅炒香后出锅垫入碗底。

❸ 另取一炒锅置于火炉上，加入色拉油约 20 克，中火烧至约四成热，下郫县豆瓣、姜末、蒜末入锅炒香，掺入鲜高汤烧沸，转小火后将上浆的牛肉逐一放入锅中，煮至牛肉断生后用川盐 1 克、料酒 4 克、味精、白糖、香油调味。

❹ 再用水淀粉收汁出锅盛入碗中并将刀口辣椒撒在煮熟的牛肉上。

❺ 另将干净炒锅置于火炉上，加入色拉油约 50 克，大火烧至五成热，出锅淋在刀口辣椒上，点缀香菜后成菜。

【美味秘诀】

❶ 牛肉可以选择牛后腿肉，但是要将筋、油膜去干净，否则成菜口感会有老韧感。

❷ 垫底的原料莴笋尖可以依季节选用黄豆芽或大白菜等代替。

❸ 掌握刀口辣椒中干花椒和干辣椒的搭配比例，刀口辣椒要炒香但不能炒糊，炒糊会使成菜的麻辣味不正，味怪而不香。

❹ 最后浇淋的热油油温要控制在五成热左右。油温低就激不出刀口辣椒的煳辣味，香气不足；油温高则刀口辣椒容易焦煳变味，影响成菜的风味特色。

❺ 牛肉切好、冲净血水后务必将牛肉的水分挤干，再码拌上浆使其入味。否则肉中的水分会造成上浆后又出水脱浆，影响成菜的细嫩口感。

煳辣牛肉

酱香浓郁，酸甜、麻辣爽口

味型： 煳辣荔枝味
烹调技法： 炒、炝

原料：

牛里脊 300 克，黄豆芽 100 克，干辣椒段 100 克，干红花椒 20 克，姜末 25 克，蒜末 25 克，香葱花 20 克，鸡蛋 1 个，淀粉 35 克

调味料：

川盐 2 克，味精 10 克，料酒 15 克，白糖 30 克，陈醋 35 克，水淀粉 50 克，芝麻酱 20 克，花生酱 20 克，排骨酱 10 克，蚝油 25 克，香油 10 克，色拉油适量

做法：

❶ 黄豆芽择去根须，洗净垫于盘底。

❷ 将芝麻酱、花生酱、排骨酱、蚝油、香油混在一起调成酱汁。

❸ 牛里脊去筋、油膜切成长 5 厘米、宽 3 厘米、厚 0.3 厘米的片。冲净血水拧干水分，用川盐 1 克、味精 5 克、料酒 5 克、鸡蛋、淀粉码拌上浆使其入味。

❹ 取炒锅置于火炉上，倒入色拉油至约六分满，大火烧至四成热，将码拌上浆的牛肉下入锅滑散后出锅沥油。

❺ 另取干净炒锅置于火炉上，加入色拉油约 25 克，大火烧至四成热，下干辣椒段 10 克、干花椒 5 克、姜末、蒜末炒香，下牛肉，烹入步骤 2 的酱汁 50 克后搅匀。

❻ 用川盐 1 克、味精 5 克、料酒 10 克、白糖、陈醋调味炒匀，再用水淀粉收汁，出锅盖在盘中的黄豆芽上。

❼ 再另取干净炒锅置于火炉上，入色拉油 50 克，中大火烧至五成热，将干辣椒段 90 克、干花椒 15 克下入锅中炒香淋在牛肉上，点缀香葱花即成。

【美味秘诀】

❶ 掌握牛肉的老嫩程度是成菜美味的关键。

❷ 酱汁一定要炒至收汁、粘裹在肉片上，成菜口感才能较为浓厚。

❸ 最后炒干辣椒、花椒时要掌握好油温，以免炒焦、发黑，产生煳味影响成菜口感。

煳辣牛肉是在水煮牛肉的基础上改良演变而成，味型从麻辣味转为煳辣味，成菜红亮、粗犷大气而豪放，辣度温和、酸辣回甜、煳辣香浓厚。从菜名、外观上看此道菜似乎比水煮牛肉更辣、麻，实际上，煳辣牛肉的酱汁是在酸甜中回味麻辣，细嫩爽口，这类大玩视觉与味觉感官的菜品在川菜中相当普遍，也是川菜最让人上瘾的地方，如山椒凤爪，看不到一个辣椒，却是辣度相对高的菜品；又如辣子鸡一上桌全盘都是辣椒、花椒，一副要辣死人的样子，一入口香气冲第一，麻辣味虽重但只是陪衬香气的配角。

菜品变化：

炝锅红烧牛肉、鲜椒牛柳、红汤牛肉等。

酸汤兔花

色泽黄亮，肉质滑嫩，酸辣爽口

味型：酸辣味
烹调技法：煮

　　"酸辣味"是烹饪中很普遍的一种味型，但在川菜中热菜有酸辣，凉菜也有酸辣的。若是细分酸辣味型，可细分出十余种之多，有如此多样的酸辣味，川菜中选作酸味来源的调辅料就特别多。此道菜肴是采用海南产的黄灯笼辣椒酱结合野山椒的乳酸香味调合而成。在色泽上、口味上与传统的酸辣截然不同，带果香味，入口酸辣味浓厚，成菜黄亮清爽。

原料：
兔里脊肉 200 克，鸡腿菇 150 克，香葱花 10 克，红小米辣椒 10 克，鸡蛋 1 个

调味料：
黄灯笼椒酸汤 500 克（做法见第 116 页），川盐 2 克，料酒 10 克，淀粉 35 克，色拉油适量

做法：

❶ 将兔里脊肉改成条状后剞成十字花刀，再用清水冲净血水后沥干水分，用川盐、料酒、鸡蛋液、淀粉搅打上劲。鸡腿菇切成薄片入开水锅中余水。

❷ 取净炒锅置于火炉上，加入色拉油至四分满，中火烧至约三成热时，下码拌入味后的兔肉花入锅滑散，出锅沥油。

❸ 锅入黄灯笼椒酸汤小火烧开，下鸡腿菇煮至入味后捞出锅垫于盘底。再下兔肉煮至熟透入味出锅盖在鸡腿菇上，将锅中汤汁浇入后点缀红小米辣椒段、香葱花。

❹ 将 20 克色拉油入锅大火烧至四成热后淋在兔肉上成菜。

【美味秘诀】

❶ 兔肉剞完花刀后，必须用流动水冲净血水。一是保持成菜色泽洁白，二是可以去除部分草腥味。

❷ 处理兔肉的刀工应粗细均匀，改刀后的兔肉块大小一致、均匀，是确保成菜美观的关键。

❸ 兔肉可以直接入锅煮熟成菜，也可以先滑油再入汤汁中煮熟成菜。前者成菜色泽要白一点，但是容易浑汤、成菜质略老；后者可缩短烹调时间，成菜后肉质口感更嫩。

❹ 最后浇热油的用量要少，油温在四成热即可，否则影响成菜的视觉。油多显得油腻，少了又达不到激香小米辣椒和葱花的目的；油温低炸不香小米辣椒和葱花的香味，油温高容易将葱花和小米辣椒炸焦而变色走味。

菜品变化：
酸汤肥牛、酸辣鸡杂、酸汤丸子等。

番茄酸汤鱼

色泽红亮，酸辣开胃

· ·

味型： 酸辣味
烹调技法： 烧

　　川味有多样化的酸辣味，"酸汤"的做法就特别多，使用不同的原料制作不同风味的酸汤搭配不同的食材成菜，这样个性化的风味追求就是构成川菜百菜百味特点的最关键所在。"酸汤"从颜色分，有无色酸汤和有色酸汤两种。以风味来分则大致有野山椒酸汤、小米辣椒酸汤、泡椒酸汤、黄灯笼椒酸汤、豆瓣酸汤、泡酸菜酸汤、番茄酸汤等。

原料：
草鱼肉 300 克，鸡蛋 1 个，淀粉 30 克

调味料：
川盐 2 克，味精 10 克，白糖 10 克，番茄酸汤 500 克（做法见第 115 页），大红浙醋 20 克，山椒水 20 克

做法：

❶ 取草鱼肉片成 0.3 厘米厚的片，用川盐 1 克、鸡蛋、淀粉码拌上浆使其入味。

❷ 番茄酸汤入锅，以中火煮开后转小火。

❸ 将码拌入味后的鱼片逐一放入锅中，用川盐 1 克、味精、白糖、大红浙醋、山椒水调味。

❹ 煮至鱼片熟透、入味时出锅成菜。

【美味秘诀】
煮鱼时火力要小，火大、汤沸容易将鱼片上的浆冲掉，影响成菜口感。

菜品变化：
酸萝卜老鸭汤、泡椒酸汤鱼、酸辣粉等。

鸡米芽菜包

咸鲜微辣，清香爽口

味型：家常味
烹调技法：炒

原料：
鸡脯肉 200 克，青、红二荆条辣椒各 50 克，宜宾碎米芽菜 100 克，酥花生碎粒 50 克，姜末 10 克，蒜末 10 克，玉米面窝窝头 10 个

调味料：
川盐 2 克，味精 5 克，白糖 2 克，料酒 10 克，酱油 2 克，香油 10 克，淀粉 25 克，色拉油 50 克

做法：

❶ 将鸡脯肉切成米粒大小的丁状。用川盐、料酒、酱油、淀粉码拌上色，上浆入味。

❷ 青、红二荆条辣椒择洗干净后，切成 0.2 厘米宽的圈。

❸ 将玉米面窝窝头入蒸笼，大火蒸约 5 分钟。

❹ 将炒锅置于火炉上，加入色拉油，中大火烧至四成热，下码拌入味的鸡肉入锅炒散，煵炒至水气干时出锅沥油。用锅中余油将姜末、蒜末炒香。

❺ 接着下宜宾碎米芽菜、青、红二荆条辣椒圈炒香至熟，再将煵香的鸡脯肉丁下入炒匀。

❻ 最后用味精、白糖、香油调味翻匀出锅，点缀酥花生碎粒成菜。食用时搭配步骤 3 蒸热的玉米面窝窝头

【美味秘诀】

❶ 鸡脯肉的刀工处理成型大小均匀，成菜的外形才美观。

❷ 鸡肉粒上色不宜过重，否则成菜色泽过黑；加的酱油过少，成菜后色泽发白影响视觉与口味。

❸ 鸡肉的水气一定要煵炒至干，但不能太干，太干会让成菜口感扎口。但水气未炒干，成菜会缺少开胃的香气。

菜品变化：
粗粮兔米、泡豆角炒鸡米、韭香鱼米等

鸡米芽菜包是一道典型的下饭菜，取材自一次外出考察市场，当时正值午餐时间，路边一小店的热闹就餐气氛和排队等餐的人群，让我停下了脚步，习惯性地先观察一下该店，放眼望去，一老者面前只摆放一盘菜，却吃的狼吞虎咽、大汗淋漓的畅快样子，立时就吊起了我的胃口与好奇，等找了位子坐下来，叫服务员上同样的菜，一尝果然咸鲜微辣，芽菜爽口，家常味浓厚，下饭的绝佳美味，问了菜名才知道此菜叫"鸡米芽菜"。美味来自民间，回酒楼后，经尝试与改良，配合酒楼的用餐习惯，口味上调整成咸鲜微辣，芽菜清香，搭配窝窝头食用整体口感显得更加细致而令人回味。

热菜
8.

尖椒小香鸡

细嫩爽口，鲜辣味浓厚

味型：鲜辣味
烹调技法：炒

此菜乃是川南地区小镇的一道家常菜，因川南地区是尖椒即小米辣椒的主产地。新鲜小米辣椒有独特的鲜辣味，辣度也相对较高，川南人特别钟爱，所以川南菜品相对于四川其他地区来说辣度明显较高，虽辣，却是辣得让人想一口接一口。此菜炒制的火候与时间要恰当，让独特的鲜辣味完全融入到鸡肉里面，入口才有细嫩、鲜辣味厚重、辣味悠长的感受，再结合农家的主辅料搭配手法，成菜色泽青红相间，虽朴实又不失精致。

原料：
鸡腿肉 300 克，青小米辣椒 50 克，红小米辣椒 100 克，姜末、蒜末各 25 克，泡辣椒末 35 克，泡姜末 15 克，干青花椒 10 克

调味料：
川盐 3 克，味精 10 克，酱油 3 克，白糖 3 克，料酒 10 克，淀粉 20 克，香油 10 克，色拉油适量

做法：
❶ 鸡腿去骨后用刀尖斩断肉中的筋，再将肉斩成 0.5 厘米的方丁。用川盐、料酒 5 克、酱油、淀粉码拌上浆使其入味。

❷ 青、红小米辣椒切成 0.5 厘米长的段。

❸ 炒锅置于火炉上，加入色拉油，以中火烧至三成热，将码拌入味的鸡丁入锅滑散后，出锅沥去余油。

❹ 锅中续入干青花椒、泡辣椒末、泡姜末、姜末、蒜末炒香出色，再下入青、红小米辣椒段和鸡丁炒匀。

❺ 用味精、白糖、料酒 5 克、香油调味后翻匀出锅装盘成菜。

【美味秘诀】
❶ 鸡腿的粗纤维比较多，剔骨后一定要用刀尖斩断筋，这样成菜口感才比较嫩。

❷ 滑炒鸡肉时一定要注意油温，在油温三成热时比较合适将鸡肉入锅。

❸ 泡辣椒、泡姜一定要炒香后，再放小米辣椒将辣味炒出来。火力不宜太大，不然容易焦锅产生异味。

❹ 油量控制要准确，成菜后不能见油，这样才会干香细嫩不油腻。

菜品变化：
干煸仔鸡、川椒兔、双椒排骨等。

腰果鸡丁

入口酸甜，色泽红亮，肉质细嫩，酥脆爽口

味型： 煳辣小荔枝味
烹调技法： 炒

这道菜的传统做法是和"宫保鸡丁"一样的味型"煳辣小荔枝味"，这类菜肴的酸甜感带有水果味，特别是微酸感就像新鲜荔枝微甜中带果酸香一样，但若是甜、酸味浓而鲜明就成了糖醋味，这是做荔枝味菜品要特别注意的地方。这里在传统的味型定义上结合现代荔枝酱汁的炒制，经过反复调试后，让菜品的烹制可以具有"批量生产、量化标准、快速成菜、味型稳定"的特点。

原料：
鸡脯肉 300 克，大葱段 50 克，姜片 5 克，蒜片 10 克，腰果 100 克

调味料：
川盐 2 克，料酒 10 克，酱油 2 克，白糖 20 克，荔枝味酱汁 60 克（做法见第 116 页），煳辣油 25 克，淀粉 3 克，色拉油适量

做法：

❶ 将鸡脯肉切成 0.5 厘米见方的丁，用川盐、料酒、酱油、白糖、淀粉码拌上浆使其入味。

❷ 将炒锅置于火炉上开中小火，加入色拉油，约五分满，下入腰果后不停搅动，待油温升高，腰果变黄时出锅沥油。

❸ 取净炒锅置于火炉上，入煳辣油用中火烧至四成热，下码拌入味的鸡丁入锅滑炒至熟。下姜片、蒜片、大葱段炒香，调入荔枝味酱汁炒匀后，起锅前放腰果略拌成菜。

菜品变化：
宫保鸡丁、夏果炒银鳕鱼、腰果炒脆骨等。

【美味秘诀】

❶ 鸡丁的刀工处理必须大小均匀。码拌入味时上色用的酱油量不宜过多，否则成菜色泽发黑而不红亮。

❷ 炸酥腰果时要特别注意油温的变化和火候的大小变化。腰果必须冷油下锅，生腰果在油锅中刚转变成黄色时，就要马上出锅沥油。否则腰果会因出锅后的余温而焦黑，影响成菜口味。

❸ 掌握荔枝味酱汁的调制比例，是保持菜品质稳定的关键。

❹ 腰果要在酱汁放入后再下，否则成菜后腰果吸收了水分，口感就不酥脆了。

香酥凤腿

外酥内嫩，味型多样，色泽金黄

味型： 咸鲜味、糖醋味
烹调技法： 炸

　　川菜中，成菜外酥内嫩而定名的"香酥"菜，多有选料精细、做工考究、用料独特、注重烹调程序的特点，加上成形精美而常成为宴席上的大菜，特别是味型可随味碟的变化而改变，更能适应不同口味的人。在四川地区，香酥类的菜品传统上多搭配糖醋生菜碟，因油炸而成的香酥口感会因为油太多，多吃两口就发腻，搭配甜酸鲜脆的糖醋生菜碟不只解腻，也让口味变得清新。

原料：
小鸡腿 8 只，面包粉 150 克，鸡蛋 1 个，淀粉 50 克，姜片 12 克，葱段 12 克

调味料：
色拉油 5 千克（油炸用，耗 75 克），料酒 10 克，胡椒粉 2 克，茄汁味蘸酱 1 份，椒盐味碟 1 份，糖醋生菜碟 1 份（以上酱碟做法见第 19 页）

做法：

1. 小鸡腿剔骨，用刀尖斩断肉筋。再用姜片、葱段、料酒、胡椒粉码拌后静置约 15 分钟入味。

2. 码拌入味后的小鸡腿去掉姜、葱。调入鸡蛋、淀粉搅拌均匀，粘裹上一层面包粉，即成"凤腿"生胚。

3. 将炒锅置于火炉上，加入色拉油至约七分满，中火烧至四成热时，将凤腿生胚逐一入锅，转小火浸炸至熟。

4. 鸡肉完全熟透时，转大火升温至凤腿表面金黄后出锅沥油，装盘成菜。搭配调制好的味碟上桌。

【美味秘诀】

❶ 鸡腿应选个头小而均匀的，成菜后外形才美观。

❷ 鸡腿粘裹的蛋糊不宜过稠，否则成菜的口感会硬而不脆。

❸ 炸鸡腿时的油温先要低，火力要小，以浸炸为主才能使鸡腿肉熟透而外皮不会焦掉。其次因面包粉不耐高油温，否则容易炸焦、炸黑并产生焦煳味，影响成菜风味与口感。

菜品变化：
香酥牛排、香酥兔花、香酥鱼排等。

芦笋爆鸭舌

酱香味浓郁，入口脆爽

味型：酱香味

烹调技法：炒

原料：

鸭舌 150 克，芦笋 100 克，红甜椒 25 克，黄甜椒 25 克，姜片 2 克，大葱 5 克

调味料：

川盐 2 克，味精 5 克，白糖 5 克，料酒 10 克，香油 15 克，色拉油 25 克

酱汁料：

海鲜酱 5 克，柱侯酱 3 克，叉烧酱 10 克，排骨酱 10 克，烧汁 5 克，辣鲜露 3 克，玫瑰露酒 10 克

做法：

❶ 将鸭舌入开水锅中氽水，出锅漂凉后除净舌苔、撕去喉管。

❷ 芦笋去粗皮切菱形状，入开水锅中氽水。红甜椒、黄甜椒分别去籽切成小一字条状。大葱洗净后切成菱形状。

❸ 将酱汁料混合均匀，并加入川盐、味精、白糖调味，成为专用酱汁。

❹ 将炒锅置于火炉上，加入色拉油 25 克，大火烧至四成热，下姜片、大葱、鸭舌爆香，烹入料酒和步骤 3 的专用酱汁。

❺ 转小火收汁亮油、鸭舌上色后，下芦笋、红甜椒、黄甜椒炒匀入味，出锅前淋上香油，装盘成菜。

【美味秘诀】

❶ 选择新鲜的鸭舌并处理干净接着氽热水除净舌苔、去除喉管，这样成菜后可以方便食用。若时间许可，用姜葱汁、料酒先码拌 30 分钟，可以进一步去腥增香。

❷ 鸭舌一定要烧到裹上酱汁颜色后，再下芦笋、红甜椒、黄甜椒等辅料。这样辅料成菜后颜色鲜活、口感脆爽。

❸ 鸭舌调入酱汁后火力一定要小，否则容易焦锅产生异味。

❹ 熟悉酱汁料的浓淡、滋味，掌握调制比例，可让菜品的口味质量提升、稳定。

菜品变化：

盐水鸭舌、怪味鸭舌、酱鸭舌等。

四川地区的鸭相对较小，市场上多是一只只的卖，少有斩成小件出售的，也因此以鸭舌为主食材的菜品就显得选料独特而稀奇，对多数人来说有一种物以稀为贵的感受，加上其口感独特而受宠。因鸭舌治净处理相当费工，餐饮市场上多数成菜都选择可以预先处理、烹调的烟熏、卤制烹调法单独成菜。这里选择酱烧的方式就相当考验餐馆酒楼厨房效率与烹制工艺，成菜后酱香味浓郁，再搭配红、黄、绿的脆性辅料，成形更具色泽美观、口感脆嫩爽口的新感受。

樟茶鸭丝

烟熏味飘香扑鼻，入口脆爽

味型：家常味

烹调技法：炒

樟茶鸭是川菜中的一道名菜，选用上等的放养土鸭，经过特殊的香料及烹饪工艺腌制入味后，用锯末、香樟叶末、花茶末焖烧产生的浓烟薰制，再经蒸、炸而成，成菜色泽红亮、烟熏味浓厚、皮脆肉香。传统上都是斩块后直接连骨带肉上桌，虽美味却略显单调。这里将樟茶鸭当做主食材，先去大骨再切成丝，搭配脆香的辅料炒制成菜，形成口感变化丰富的菜品，加上浓浓的烟熏味，成为佐饭下酒皆宜的风味美食。

原料：

樟茶鸭 250 克，嫩姜 75 克，青辣椒 25 克，红辣椒 25 克，芹菜 50 克

调味料：

川盐 2 克，味精 5 克，白糖 1 克，香油 10 克，煳辣油 25 克，色拉油适量

做法：

❶ 将樟茶鸭去骨后切成二粗丝；嫩姜、青椒、红椒、芹菜也分别切成二粗丝。

❷ 将炒锅置于火炉上，加入色拉油到七分满左右，中火烧至五成热，下樟茶鸭丝入锅滑油约 1 分钟后，出锅沥油。

❸ 另取干净炒锅置于火炉上，下入煳辣油，中大火烧至四成热，下嫩姜丝、青椒丝、红椒丝、芹菜丝炒香。

❹ 接着调入川盐、味精、白糖炒匀入味；再下步骤 2 的樟茶鸭丝，香油炒匀出锅装盘成菜。

【美味秘诀】

❶ 樟茶鸭应先去大骨再改刀成丝，这样处理不容易浪费，同时也利于刀工成形。

❷ 因樟茶鸭本身带咸味，烹调此菜时要先下辅料略炒后再调味，辅料入味后才放樟茶鸭丝。如果先炒樟茶鸭丝，成菜菜品味道不稳定，容易出现味道偏重、偏咸的问题，并且影响成菜的口感和特点。

❸ 炒嫩姜丝、青椒丝、红椒丝、芹菜丝的时间不宜太长，否则会失去脆爽感。

成都望江楼

菜品变化：

鱼香鸭丝、青椒炒鸭丝、仔姜炒鸭丝等。

魔芋烧鸭

色泽红亮，家常味浓 · · · · · · · · · · · · · · ·

味型： 家常味
烹调技法： 烧

原料：

治净鸭肉 300 克，魔芋 300 克，泡辣椒末 50 克，郫县豆瓣 25 克，姜末 25 克，姜片 15 克，蒜末 25 克，泡姜末 35 克，大葱段 20 克，火锅底料 20 克

调味料：

川盐 2 克，料酒 15 克，味精 10 克，白糖 2 克，酱油 10 克，香油 10 克，色拉油 95 克，鲜高汤 2000 克（做法见第 25 页）

做法：

❶ 将治净鸭肉洗净斩成 4 厘米长、2 厘米粗的条状，入沸水锅中煮至断生，出锅沥水。

❷ 将炒锅置于火炉上，加入色拉油约 20 克，大火烧至五成热，将姜片、葱段、鸭肉入锅爆香。

❸ 再烹入料酒、酱油上色，煸炒至水气将干时倒入汤锅中。

❹ 将炒锅洗净置于火炉上，烧干后下入 75 克色拉油，大火烧至五成热时，下泡辣椒末、泡姜末、郫县豆瓣、姜末、蒜末、火锅底料炒香出色。掺入鲜高汤大火烧沸，熬约五分钟，沥去料渣后将汁倒入鸭肉锅内，开小火慢烧。

❺ 烧鸭肉期间，将魔芋切成 1.5 厘米粗、4 厘米长的条，入沸水锅中汆水捞出放入鸭肉锅中，用川盐、味精、白糖、香油调味，共烧约 40 分钟至鸭肉熟透㸆软、魔芋入味后出锅即成。

【美味秘诀】

❶ 魔芋、鸭肉的刀工处理要均匀，魔芋应比鸭肉的形状略小，是保持成菜外型美观的关键。

❷ 鸭肉汆水后一定要在油锅中煸炒至水气将干，这样成菜后更香，更可以使鸭肉在烧制时不容易碎烂，保持鸭肉的外形完整。

❸ 小火慢慢将鸭肉和魔芋烧至入味，食用时滋味更丰富，色泽更红亮，鸭肉的口感更好。切忌用大火烧制成菜，大火很快就将汤汁烧干，达不到烧菜醇厚入味的成菜特点。

菜品变化：

青豆烧鸭、啤酒烧鸭、嫩姜青椒鸭等。

魔芋是用蒟蒻的块茎经加工后取得粉状原料，经熬煮、净化而成，有黑魔芋与白魔芋两种，差别在蒟蒻的品种。魔芋入口软滑久煮不烂，四川地区多喜爱黑魔芋，因成块的魔芋像豆腐，所以又称之为"黑豆腐"，在川菜中是一种极为家常的烹调食材。但要注意的是蒟蒻这种植物未经加热加工是有毒的，在野外可不能当野菜吃。黑魔芋的口感较为软滑且较白魔芋更易吸附汤汁，四川多用于烧菜、烫涮麻辣类的火锅，其中的"魔芋烧鸭"就是四川地区十分有名的一道家常菜。

制做魔芋的原料植物"蒟蒻"

香酥糯米鸭

色泽黄亮，入口酥脆，咸鲜带麻香

味型：复合味（椒盐味、烟熏味）
烹调技法：熏、蒸、炸

　　香酥糯米鸭是在樟茶鸭的基础上提升烹制而成的，由单一的烟熏味直接装盘成菜变化为两味合一的菜。虽然在技法上程序更多，技术要求也更高，但得到的美味回报却是让人愉悦的。烟熏味和椒盐味具有互补、烘托的效果，成菜后鸭肉表皮酥脆而香，糯米的滋糯与咸中回味麻香，让口感变化更多，香气层次也更丰富。对酒楼而言，也让食客有了更多口味的选择。

菜品变化：
香酥鸭、脆皮鸭、樟茶鸭等。

原料：
樟茶鸭 1 只，圆糯米 250 克，干花椒 10 粒，鸡蛋 1 个，淀粉 30 克

调味料：
川盐 2 克，味精 10 克，色拉油适量

做法：

❶ 将糯米洗净沥干，下入沸水锅中煮至七成熟，出锅沥水后倒入搅拌盆。

❷ 再加入花椒粒、川盐、味精拌匀。

❸ 将鸡蛋磕入碗中，加入淀粉搅匀成全蛋淀粉糊。

❹ 将樟茶鸭平铺去掉大骨后改刀成长方形，摊在盘中，鸭皮朝下鸭肉向上。

❺ 在鸭肉的上面抹上全蛋淀粉糊，再将步骤 2 拌好味的糯米盖在鸭肉上。

❻ 将铺好糯米的鸭肉连盘子一起放入蒸笼内，以大火蒸 40 分钟后，取出冷却。

❼ 炒锅中倒入色拉油至六分满，开大火烧至约五成热时，将蒸好的糯米鸭，下入热油锅中炸至鸭肉表皮金黄酥脆，出锅沥油。

❽ 将鸭子改刀成 2 厘米见方的块，摆盘后成菜。

【美味秘诀】

❶ 糯米不要煮的太熟，一般在六至七成熟为宜，保持糯米一定的硬度，经蒸、炸后成菜才能体现干香风味，且糯米煮的过软则菜不易成形，影响成菜美观。

❷ 樟茶鸭一定要去掉大骨，方便成菜后食用且口感更佳。

❸ 炸的油温过低时炸不出色泽与干香味，过高容易焦糊，经验上在五成热时效果最佳。但在油锅中炸的时间不宜太长，否则糯米会吸收太多油而影响成菜口感。

粉蒸排骨

形整而入口软烂，家常味厚重

味型：家常味
烹调技法：蒸

原料：
猪排骨400克，甘薯300克，蒸肉米粉150克，椒麻糊5克（做法见第24页），香葱花5克，生姜末10克

调味料：
川盐2克，味精10克，白糖3克，料酒10克，糖色30克（做法见第23页），豆腐乳5克，郫县豆瓣35克，色拉油35克

做法：

❶ 将排骨斩成6厘米长的段，用水冲漂净血水，沥干水分置于盆中。

❷ 甘薯去皮切成长宽约2.5厘米的方丁置于盆中。

❸ 将炒锅置于火炉上，加入色拉油，中火烧至约四成热，下郫县豆瓣炒香、亮色后倒入装有排骨的盆中。

❹ 将蒸肉米粉约100克、椒麻糊、生姜末、川盐、味精、白糖、料酒、糖色、豆腐乳放入装有排骨的盆中搅匀。

❺ 将码拌入味的排骨均匀地摆在蒸碗内，上蒸笼大火蒸40分钟取出。

❻ 切成丁状的甘薯拌上蒸肉粉约50克，拌匀后放在步骤5蒸好的排骨上，再上蒸笼用大火蒸30分钟。

❼ 蒸好后，取出蒸笼，翻扣在盘中，点缀香葱花即成菜。

四川的蒸菜特色在于体现菜肴的成形美感、原汁原味、软烂适度。口味上咸淡合口，老少皆宜，常食用有暖胃养胃的食疗功效。在川西坝子的农家九大碗宴席上，蒸菜几乎是主角，特别是早期交通不便时，亲友一来就要待上几天，宴席一开就是2~3天，蒸菜最能长时间保有鲜美风味。其次麻辣味浓厚的菜年轻人喜爱，而蒸菜则照顾了年长和年幼者，席间深受喜爱。最后是可以提早备成半成品，上菜速度快，节省人力，即使在今日的宴席中也常有一道蒸菜，以缓解厨房的工作压力。

【美味秘诀】

❶ 排骨的成形要长短一致，成菜的形才会美观。而血水一定要冲干净，否则成菜后排骨的色泽容易发黑。

❷ 糖色的用量多少须根据糖色的颜色浓度做调整，如糖色浓稠就少加，糖色稀就多加一点。

❸ 掌握排骨的蒸制时间，蒸的时间过长，排骨上的肉会过于软烂，夹不起来。蒸的时间短了，排骨上的肉不够软嫩，与骨不能自然地分离，口感不佳，也不方便食用。

❹ 蒸制的时间长短和火力的大小有关。火力大蒸的时间短一点；火力小蒸制的时间长，但一定要中火以上，以免蒸汽不足，影响口感。

菜品变化：
粉蒸肉、小笼蒸牛肉、粉蒸肥肠等。

大漠象牙排

造型大气而高雅，质地入口酥香而细嫩

味型： 五香味、孜然麻辣味

烹调技法： 卤、炸、炒

"大漠象牙排"的菜名是以成菜外形结构、风味特点而得名。将金黄的面包粉喻意为戈壁滩的大沙漠，炟而不烂的猪排骨，肉与骨能用筷子简单拨开，客人把肉吃完后，那白白、弯弯、长长的骨头就像那大象的牙齿，静静地躺在铺满金黄面包粉的盘子里，有如大漠中的一景。整体成菜大气而造型逼真，要偌大的排骨形状完整又要十分便于用筷子就能取肉食用，就非常考验烹调技术是否扎实，也要特别注重每个环节的重点，常见的问题就是形有了，肉却要用啃的，失去食用时的高雅。

原料：

整片猪排骨 1.25 千克，小土豆 200 克，蒜末 50 克，面包粉 200 克，青辣椒粒 25 克，红辣椒粒 25 克，香葱花 25 克，酥黄豆粉 20 克，酥豆豉粉 15 克

调味料：

川味卤水 1 锅（做法见第 32 页），川盐 3 克，味精 10 克，白糖 3 克，孜然粉 25 克，花椒粉 10 克，辣椒粉 20 克，香油 10 克，色拉油适量

做法：

❶ 将整片猪排骨修整齐后洗净，放入川味卤水锅中，大火烧沸后转小火慢卤约 90 分钟，至排骨的肉与骨微微的自然分开，捞出冷却。

❷ 小土豆先入开水锅中煮熟后出锅，再入六成热的油锅中以大火炸至金黄，出锅沥干油。

❸ 炒锅洗净烧干，加入色拉油约 20 克，中小火烧至四成热，下辣椒粉、孜然粉、花椒粉炒香，放入炸好的土豆，调入川盐 2 克、白糖，炒匀出锅垫于盘底。

❹ 炒锅洗净，上中火烧干，加入色拉油到大约六分满，烧到约四成热时下面包粉炸至微黄就捞出，沥至油干。

❺ 再以中大火将油加热至六成热，下入生蒜末炸至酥脆金黄出锅沥油。

❻ 另取净锅倒入色拉油，约七分满，上大火烧热至约六成热。将卤好的排骨入锅炸至金黄热透，沥油后出锅盖在盘中的土豆上。

❼ 锅洗净，加入色拉油约 20 克，中火烧热至三成热，下步骤 5 酥脆蒜末、酥黄豆粉、酥豆豉粉、味精、香油炒香出锅淋在排骨上面。

❽ 另取净锅下油 10 克，中火烧热至四成热，放入青椒粒、红椒粒炒香，下酥面包粉炒至香热，调入川盐 1 克、香葱花炒匀后，出锅盖在排骨上即成菜。

【美味秘诀】

❶ 选料的要求，必须选弧形较大、至少有五根排骨相连的整片大排骨，肉不宜过厚，但也不能太少，因为肉太多卤熟后不香，肉太少卤炽后骨头与肉会自然脱骨分离，影响成菜风格特点。

❷ 掌握卤排骨的火候大小，先大火后小火。在卤制过程中切记，不要用勺子做不必要的搅动，以免排骨炽后因搅动而将肉划破，且肉会收缩露出骨头，一来让人觉得成菜的分量少，二来影响造型的美观。

❸ 卤排骨一定要炽而不烂，冷却后再经过油炸才成菜，确保上桌后用刀叉或筷子能轻易将排骨的肉和骨脱开，以方便食用。

❹ 面包粉入锅不要炸过火（焦），因为还会入炒锅再次翻炒。若是炸过火，再炒时面包粉的色泽会变得太深，影响成菜的颜色。

菜品变化：

豆豉排骨、手抓排骨、一品排骨煲等。

土豆烧排骨

色泽红亮，炮软适口

味型：家常味
烹调技法：烧

烧菜是四川地区冬季最受欢迎的系列美食，多半热烫味浓，临时三五朋友来聚，加热后即可食用，佐饭下酒皆宜。现今特别是午餐时段，多数上班族不愿意花过多时间等菜，而烧菜的出菜速度快、分量足、热气袭人、辣与清淡皆宜，口味上南来北往的人都能接受，加上经济实惠、品种多选择广，以烧菜为主的餐馆现在是越来越多，多聚集在商业、办公区。

原料：
排骨 200 克，小土豆 300 克，郫县豆瓣 50 克，姜末 25 克，蒜末 25 克，大葱段 25 克，干花椒 5 克，干辣椒 20 克，八角 5 克，肉桂叶 5 克，小茴香 5 克，香葱花 5 克

调味料：
川盐 2 克，味精 10 克，料酒 15 克，胡椒粉 1 克，白糖 3 克，香油 10 克，糖色 15 克（做法见第 23 页），色拉油 75 克，鲜高汤 2000 克（做法见第 25 页）

【美味秘诀】

❶ 排骨不宜斩得太长，3 厘米以内即可，方便食用。

❷ 排骨要先烧至八成炮再下土豆烧，土豆和排骨才能同时达到适当的炮糯度而美味可口。

❸ 烧菜的火力要小，小火慢慢烧，成菜更入味。火大容易浑汤致使成菜不入味，色泽也不好看。

菜品变化：
芋儿烧排骨、笋子烧牛肉、冬瓜烧酥肉等。

做法：

❶ 将排骨斩成 3 厘米长的段，入沸水锅中汆烫。

❷ 将炒锅置于火炉上，加入色拉油 75 克，大火烧至五成热，下八角、肉桂叶、小茴香、大葱段、郫县豆瓣炒香至呈油亮色。

❸ 接着下姜末、蒜末、干花椒、干辣椒段炒香，掺入鲜高汤以大火烧沸，熬约 5 分钟沥去料渣，将汆过的排骨、糖色入锅，转小火慢烧约 40 分钟。

❹ 排骨烧至八成炮时下小土豆，用川盐、味精、料酒、胡椒粉、白糖调味，小火继续慢烧至土豆熟透入味。

❺ 调入香油出锅装盘，点缀香葱花成菜。

酥椒丁丁骨

入口外表酥脆，里面酱香味浓厚

味型：家常味
烹调技法：炸、炒

原料：

猪仔排 200 克，香酥辣椒 150 克，红二荆条辣椒 50 克，青二荆条辣椒 25 克，姜片 2 克，蒜片 2 克，大葱段 10 克，鸡蛋 1 个，鲜青花椒 50 克

调味料：

川盐 2 克，味精 5 克，白糖 3 克，料酒 10 克，淀粉 75 克，起士粉 10 克，香油 5 克，藤椒油 10 克，老油 30 克（做法见第 22 页），色拉油适量

酱料：

排骨酱 10 克，叉烧酱 10 克，南乳 5 克，蚝油 5 克

做法：

❶ 猪仔骨斩成 1 厘米见方的丁，冲净血水后挤干水分。用排骨酱、叉烧酱、南乳、蚝油、料酒、鸡蛋、起士粉、淀粉码拌上浆使其入味。

❷ 二荆条辣椒去蒂洗净后切成 1 厘米长的段。

❸ 炒锅置于火炉上，加入色拉油至七分满，大火烧至四成热，将码拌入味的仔排入锅炸至酥香，出锅沥油。

❹ 将锅中炸油倒出，下入老油用中小火烧至四成热，下鲜青花椒、姜片、蒜片、大葱段爆香后，再放炸酥的仔排、二荆条辣椒段、香酥辣椒炒匀。

❺ 用川盐、味精、白糖、香油、藤椒油调味炒匀出锅，装盘成菜。

香酥辣椒入口酥脆化渣，微辣而不燥，是近几年才在市场上被广为使用的一种调辅料。可以单独当点心食用，所以在成都的超市多陈列在点心零食区。另一方面，其微辣、酥脆化渣的风味特点，也被川菜厨师拿来当配料成菜，做成的菜品多是香酥味浓，适合佐酒下饭。这里取酥脆化渣的香酥辣椒搭配炸酥的排骨加二荆条辣椒成菜，也增加了烹饪工艺的技术含量，且菜未上桌就闻其香，入口酥脆干香，极具特色，让人吃了还想吃。

【美味秘诀】

❶ 仔排的刀工处理大小均匀一致。

❷ 酱料的码制时间要够长，至少 1 小时以上。这样酱香味才能渗透到骨头里面，食用时香味更加浓郁。

❸ 上浆的淀粉不宜过重，否则成菜口感不好。若是淀粉的用量过少，仔排炸出来就不好看。

❹ 最后炒制时火候宜小一点，慢慢把青花椒的麻香味煸炒出来，火力过大成菜的色泽不好看。

菜品变化：

砂锅丁丁肉、酥椒掌中宝、青椒排骨等。

盐煎肉

色泽红亮，肉质干香，家常味厚重

味型： 家常味
烹调技法： 炒

在行业内厨师们经常讲这样的话：从外表看去越简单的菜，美味关键就是做工要越精细。也应了西方管理学的一句话：魔鬼藏在细节里。很多刚入门的厨师，炒同样的菜，外观看来都差不多，但一入口，功夫高低、滋味感觉就差得很远。这道"盐煎肉"也是川菜中的经典菜，与回锅肉的做法相似，连选料都相当，差别在于盐煎肉选瘦肉多一些的，回锅肉选肥肉多一点的。最后在烹调的方法上做些微的变化，就让成菜口感、风味各异。此菜要求干香、油而不腻、瘦而不柴，关键在炒制主料与各调辅料过程的火力与时间的细微控制，少一分不干香而腻、多一分则焦煳而柴，细节决定这道菜的成败。

原料：
无皮二刀坐臀肉 250 克，青蒜 150 克，郫县豆瓣 35 克，永川豆豉 15 克

调味料：
川盐 1 克，味精 10 克，酱油 3 克，白糖 3 克，色拉油 40 克

做法：

❶ 将二刀坐臀肉切成 4 厘米长、3 厘米宽、0.3 厘米厚的片。青蒜切成 2 厘米长的菱形段。

❷ 将炒锅置于火炉上，加入色拉油，中火烧至四成热，下肉片入锅内滑散，炒至水分将干时，调入郫县豆瓣、永川豆豉、酱油炒香出色。

❸ 下入切好的青蒜段翻炒均匀，用川盐、味精、白糖调味，炒至青蒜断生即可。

【美味秘诀】

❶ 选肥四瘦六相连的无皮二刀猪肉，切成 0.3 厘米厚的片，成菜干香、油而不腻、瘦而不柴。

❷ 肉片切好后不能码拌入味或上浆，要直接入锅炒干水气，肉片才有干香味。也不宜将肉片炒得过干，以免影响成菜口感。

❸ 豆豉的用量要比回锅肉的用量大，成菜才会有自己的风格特色。

❹ 青蒜不宜在锅中炒的过蔫、过熟，保持鲜活、清香并重。

菜品变化：
青椒盐煎肉、回锅肉、锅盔炒盐煎肉等。

川式小炒肉

入口微辣，软糯干香，佐酒下饭皆宜

味型：鲜辣酱香味
烹调技法：炒

"小炒肉"本来是湘菜系的一道家常小炒名菜，又名"青椒炒肉"。若是以最早的四大菜系地理分布来看，湘菜被涵盖在川菜的范围内，也因此川菜与湘菜有很多相似之处，最明显的共同特点就是都喜欢吃辣，但对辣却又有不同偏好，川菜爱香辣，湘菜爱鲜辣。若分析工艺就会发现，湘菜的小炒肉与川菜中的盐煎肉相似，盐煎肉采用的是去皮二刀肉，小炒肉则是选用前腿肉。由于瘦肉多的二刀肉炒干后口感比较干，少了湘菜小炒肉的滋润感。所以川式小炒肉选用去皮的三线五花肉，直接生炒成菜，入口软糯干香、微辣爽口。

原料：
去皮三线五花肉（三层肉）300 克，大蒜 8 克，小青辣椒 300 克

调味料：
川盐 1 克，味精 5 克，料酒 10 克，老抽 3 克，生抽 3 克，白糖 1 克，蚝油 3 克，香油 10 克，色拉油适量

做法：

❶ 将去皮三线五花肉切成长 5 厘米、宽 3 厘米、厚 0.3 厘米的片。小青辣椒切成滚刀块，大蒜拍破。

❷ 将炒锅置于火炉上，加入 1 勺色拉油，大火烧至五成热炙锅后，倒出热油。另下冷色拉油 25 克，放入三线五花肉片，中火煸炒至水气干时，下老抽、生抽、料酒炒至上色。

❸ 再将小青椒放入锅中一起煸炒，炒至小青椒变色时，调入蚝油、川盐、味精、白糖、香油炒匀入味后出锅，装盘成菜。

【 美味秘诀 】

❶ 三层肉、小青辣椒改刀成形时应确保大小厚薄均匀，成菜后才美观。

❷ 炒此菜时火候要小，以中火为宜。火大容易把酱类调料炒焦，影响成菜口味。

❸ 三层肉一定要先煸炒干水气后再下老抽上色。

❹ 小青辣椒不宜炒的过头，否则影响成菜的整体鲜活色泽与形状。

菜品变化：
小炒黄牛肉、小炒黑山羊、小炒河虾等。

辣子肉丁

色泽红亮，家常味浓郁

....

味型： 家常味

烹调技法： 炒

行业里常说：酒楼的美味名菜、名点佳肴来源于乡村民间、路边小店。别看"辣子肉丁"与"辣子鸡"的菜名相近，实际上这两道菜的做法、味道、外形可是大大不一样。辣子鸡是干香麻辣，适合佐酒，而辣子肉丁却是入口细嫩、酸甜、家常泡椒味浓厚，很适合下饭。这道传统经典的菜肴扎扎实实来自农家厨房，调辅料都是家常必备的，做法更是简单，美味关键在于兑味汁，因调味要一次完成，味汁的比例不对，要再追加调整就太晚了，因为已经成菜了，再调并不能让味道变好。这兑味汁、一次调味就是川式小炒的精髓，这动作牵涉到火候与食材熟成、入味之间的复杂变化，就因为这个动作让川式小炒风味独步天下。

原料：

鸡腿肉 200 克，莴笋 200 克，姜片 3 克，蒜片 3 克，大葱 5 克，泡辣椒末 25 克，淀粉 20 克

调味料：

川盐 3 克，味精 10 克，酱油 4 克，白糖 15 克，陈醋 20 克，料酒 10 克，胡椒粉 1 克，香油 10 克，色拉油 30 克，水淀粉 10 克

做法：

❶ 将鸡腿肉用刀尖斩断肉筋再改刀成 1.5 厘米见方的丁状，用川盐 1 克、料酒 5 克、酱油 2 克、淀粉码拌上浆使其入味。

❷ 莴笋去粗皮后切成 1.2 厘米的方丁。大葱切成长 1 厘米的段。

❸ 取一碗将川盐 2 克、味精、酱油 2 克、白糖、陈醋、料酒 5 克、胡椒粉、香油、水淀粉拌在一起，兑成味汁。

❹ 将炒锅置于火炉上，加入色拉油，以中火烧至四成热，下码拌入味的鸡丁于锅中炒散。

❺ 沥去多余的油，再下泡辣椒末、姜片、蒜片、大葱炒香，之后放入莴笋丁炒至断生，接着烹入味汁炒匀收汁成菜。

【美味秘诀】

❶ 鸡腿肉可以用鸡胸肉代替。但是鸡胸肉的肉质死板，口感较鸡腿差。

❷ 莴笋丁可以提前用沸水煮至八成熟，这样可节约烹炒时间，鸡肉的口感也比较嫩。

菜品变化：

小煎鸡、花椒鸡、宫保鸡丁等。

砂锅丁丁肉

入口滋糯，酱香味浓厚

味型： 酱香味
烹调技法： 焗

四川话的口语中喜欢用叠字，听来特别具有幽默感，如小茴香叫小茴香香，小巷子说小巷巷，漆黑说黑戳戳，而五花肉丁在四川民间称为丁丁肉，这菜名就源于这极具特色的川话。砂锅可以单纯当盛器也可当炊具，在此菜中将砂锅当炊具，将原料、辅料混合调味后盛入砂锅内用小火慢慢烧制，使主辅料成熟、成菜。砂锅菜是所谓的有声菜，主因是砂锅有保温并持续加热的特性，让菜品不只有色有味，还有滋滋的响声，当上桌打开盖子的那一瞬间，酱香味扑鼻而来，让食客顿时垂涎三尺，胃口大开。

原料：

去皮三层肉 200 克，三月瓜（节瓜）100 克，大蒜 50 克，洋葱 50 克，生姜块 25 克，小米辣椒 50 克，香葱花 10 克

调味料：

川盐 2 克，味精 5 克，白糖 5 克，料酒 10 克，奶油 50 克，老油 20 克（做法见第 22 页），淀粉 10 克

酱料：

叉烧酱 10 克，海鲜酱 5 克，排骨酱 10 克，蚝油 5 克，柱侯酱 5 克，起士粉 5 克，南乳 3 克

做法：

❶ 将去皮三层肉切成 1.5 厘米的方丁，用叉烧酱、海鲜酱、排骨酱、蚝油、柱侯酱、南乳、料酒、白糖调味、拌匀，再用淀粉、起士粉码匀。

❷ 将三月瓜切成 1.5 厘米的方丁；大蒜去皮后修整齐；生姜切成 1 厘米的方丁；小米辣椒切成长 1 厘米的段；洋葱切成块。

❸ 将奶油放入砂锅内，放入三月瓜丁、大蒜、洋葱块、生姜丁、小米辣椒垫底。

❹ 将码拌入味后的五花肉用川盐、味精、老油拌匀放入砂锅内，加盖盖严、盖紧。

❺ 将砂锅先大火烧热，再转微火慢慢烧，至五花肉熟透，辅料干香亮油时点缀香葱花即成菜，成菜带盖子上桌。

【美味秘诀】

❶ 丁丁肉要求切得整齐、规范。码酱料的时间最少在 1 小时以上，这样色泽更加红亮。

❷ 因所有的调味都要在烹煮前完成，掌握酱料的调制比例是菜肴美味的关键。

❸ 将砂锅置于火炉上后，火力不能太大，否则锅底容易焦煳、变味。

❹ 砂锅盖子一定要在上桌后才开盖，这样瞬间香气四溢，更容易引起食欲。

菜品变化：

生焗鱼头、酱香脆骨、砂锅焗牛肉等。

热菜
23.

锅巴酥排

外酥内嫩，酱香浓郁

味型：家常味、椒盐味
烹调技法：蒸、炸

热菜
23.

锅巴酥排

外酥内嫩，酱香浓郁

味型： 家常味、椒盐味
烹调技法： 蒸、炸

【美味秘诀】

❶ 精心选择与处理，使排骨料的长、短、厚、薄一致，是确保菜品成形美观的关键。

❷ 蛋糊的浓稠度决定排骨最后成菜的口感。蛋糊过稠吃不出排骨的肉香味，口感发干；蛋糊过稀不容易粘上面包粉，排骨入油锅炸出来的形不美观。

❸ 排骨一定要蒸炤，炤而有形，切忌排骨蒸炤后肉与骨自然脱落，影响口感和成菜品质。

❹ 炸锅巴的油温最低在六成热，过低的油温炸出来的锅巴不酥脆。油温太高锅巴容易炸煳，色泽不黄亮，出锅速度过慢就会炸过头，锅巴色泽就会发黑。

❺ 蒸排骨的酱料一定要用足，蒸肉粉用量则是要相对少以突出酱香味。

菜品变化：

糯米排骨、荷叶排骨、脆皮大排等。

锅巴的金黄酥香与炤糯的粉蒸菜似乎毫无联系，但这里充分借鉴粉蒸排骨的做法，运用排骨的形，也利用蒸菜的特点——炤，再结合西餐以淋酱调味的概念淋盖上锅巴酥粒，烹调出这道酥香、酱香兼备的锅巴菜。成菜形态立体而精致，也将粉蒸排骨的家常味改为酱香家常味，加上让人吃得出辣味却看不见辣椒的感官游戏，是一款美味与趣味兼备的美食。

原料：
猪排骨 1000 克，锅巴 250 克，姜片 25 克，葱段 25 克，香葱花 10 克，姜葱汁 10 克（做法见第 22 页），面包粉 50 克，蒸肉粉 100 克，鸡蛋 1 个

调味料：
川盐 3 克，味精 10 克，白糖 5 克，花椒粉 2 克，蚝油 15 克，排骨酱 15 克，料酒 15 克，香油 10 克，老油 50 克（做法见第 22 页），淀粉 75 克，色拉油适量

做法：

❶ 将排骨斩成 6 厘米长的段，用流动水冲净血水，挤干水分放入盆中。

❷ 取姜葱汁、蒸肉粉、川盐 1 克、味精 3 克、白糖、蚝油、葱段、姜片、排骨酱、料酒、香油、老油于碗中调匀后，倒入排骨中拌匀。

❸ 将码拌均匀的排骨摆入碗中上蒸笼，用大火蒸约 90 分钟。取出冷却。

❹ 锅巴用刀背拍击，粉碎成米粒状，入六成热的油锅中以中火炸酥至黄，出锅沥油。

❺ 取一深盘放入面包粉，再取一深盘将鸡蛋液加入淀粉调成稀糊状。

❻ 将冷却后的排骨一只只均匀裹上蛋糊，接着粘上面包粉成生胚。

❼ 炒锅中加入色拉油至约七分满，中火烧到四成热，下入排骨生胚于油锅中，转小火慢慢炸酥后，转中火炸至金黄，出锅沥油装盘。

❽ 将炒锅洗净，置于火炉上烧干水分，下入炸酥的锅巴粒，炒热后，调入川盐 2 克、味精 7 克、花椒粉、香葱花炒匀出锅盖在排骨上即成。

豉椒排骨

入口干香、细嫩，家常豆豉味浓

味型：家常豆豉味
烹调技法：炒

排骨是极为普遍的食材，虽然骨多肉少，但肉的香味、口感极佳，烹饪方法花样很多，有蒸、卤、煸、烟熏、炖等方式成菜。因为骨多肉少所以大部分以休闲、佐酒的菜品居多。即便如此，川菜厨师还是变得出花样，也让人发现川菜"一菜一格、百菜百味"的特点并非虚传。此菜在卤制排骨的普通五香味基础上，结合乡村农家水豆豉与永川黑豆豉的独特风味，再融入新鲜二荆条辣椒的清香，通过炒的功夫将这些滋味完全渗透入排骨之中，让味觉有全新的触动。

原料：

精排骨 400 克，水豆豉 100 克，永川豆豉 100 克，青二荆条辣椒 50 克，红二荆条辣椒 50 克，姜末 13 克，蒜末 12 克

调味料：

川盐 2 克，味精 10 克，白糖 3 克，料酒 10 克，香油 10 克，白芝麻 10 克，色拉油适量，红卤水 1 锅（做法见第 32 页）

做法：

❶ 将排骨斩成 8 厘米长的段，冲净表皮的血水后，入卤水锅中卤约 45 分钟至熟透、离骨，出锅。

❷ 二荆条辣椒切成 1.5 厘米长的小段。

❸ 将炒锅置于火炉上，加入色拉油至六分满，转大火烧至五成热，下入卤好的排骨炸约 2 分钟至表面干香，出锅沥油。

❹ 将炒锅置于火炉上，加入色拉油 50 克，中火烧至四成热时，下水豆豉、永川豆豉、姜末、蒜末炒香后，下步骤 3 炸好的排骨、二荆条辣椒段、白芝麻炒匀。

❺ 用川盐、料酒、味精、白糖、香油调味后出锅，装盘成菜。

【美味秘诀】

❶ 排骨的大小选料要均匀，下刀斩的长短要一致，成菜较整齐美观。

❷ 卤排骨时的咸味和颜色不宜过重，否则成菜口味会偏咸，且色泽偏黑，达不到色、香、味俱全的要求。

❸ 卤好的排骨油炸后必须和豆豉一同炒，否则成菜没有豆豉的特有香味。

菜品变化：

水豆豉炒鸡丁、水豆豉爆鸭肠、豉椒蒸鱼等。

咸烧白

芽菜香气扑鼻，肉质炟糯爽口

· ·

味型： 咸鲜味
烹调技法： 蒸

烧白又称扣肉，在传统宴席中占有一席之地，基本上是以蒸菜的形式出现在餐桌上，因其菜形完整而全，符合习俗上的良好寓意，加上这类三蒸九扣的菜品出菜速度快、量多、炟糯、热气腾腾而深受老人的喜爱。因此在乡间田席或坝坝宴中更为普遍，几乎是必出的菜品。传统农村宴席的经典菜品还有甜烧白、八宝饭、东坡肘子、盐菜扣肉等。

【美味秘诀】

❶ 掌握猪肉的煮熟程度，以八成熟到刚好熟透为宜。因三层肉过熟的话，上笼蒸的时间必须缩短，碎米芽菜的味就没有足够的时间融入到三层肉里面，并且不易上色和成形。而三层肉煮的过生，上笼蒸的时间变长，浪费时间与火力。

❷ 依需求控制五花肉的上色深浅。颜色深，咸烧白的成菜红亮、美味又美观，但是不宜存放；糖色用量过少而色浅，咸烧白成菜后肉的色泽容易发白、不够红亮，但可以存放两天。

❸ 芽菜一定要炒干水气再蒸，成菜的香味才浓厚。

❹ 咸烧白蒸的时间必须掌握好，蒸肉一般在 90 分钟为宜。蒸肉时间过长容易过炟而不成形。

菜品变化：

龙眼咸烧白、梅菜扣肉、冬尖蒸肉等。

原料：
燎烧去毛治净的带皮三层肉 300 克（做法见第 117 页），宜宾碎米芽菜 200 克，姜片 5 克，大葱段 5 克，干花椒 2 克，泡辣椒段 10 克

调味料：
川盐 3 克，味精 10 克，白糖 5 克，料酒 10 克，糖色 25 克（做法见第 23 页），酱油 5 克，香油 10 克，色拉油适量

酱料：
排骨酱 10 克，叉烧酱 10 克，南乳 5 克，蚝油 5 克

做法：

❶ 带皮三层肉放入有姜、葱（另取）的沸水锅中煮至熟透出锅，趁五花肉尚有余热抹上一层糖色，约 10 克，冷却。

❷ 将炒锅置于火炉上，加入色拉油至约 7 分满，大火烧到六成热时，将上好糖色的五花肉放入锅中，炸至五花肉的表面起皱、黄亮时出锅沥油。

❸ 将炸好的三层肉切成长 6 厘米、宽 4 厘米、厚 0.4 厘米的片，用糖色 15 克、酱油、川盐拌匀码拌入味，依顺序摆入蒸碗中。

❹ 将炒锅置于火炉上，下入宜宾碎米芽菜，煸炒干水气，调入姜片、大葱段、干花椒、泡辣椒段、味精、料酒、白糖、香油炒匀，出锅盖在五花肉片上即成咸烧白生胚。

❺ 将咸烧白生胚上笼蒸约 90 分钟，取出后翻扣于盘中即成。

农家蒸酱肉

色泽红亮，酱香味浓，肥而不腻

味型：酱香味
烹调技法：蒸

酱肉、腊肉是四川人过年过节必备的美味食材，每年农历11月起，可说是家家户户都要做，大街小巷都飘着酱香味、烟熏味，随着时间浓缩的酱香味而来的是那浓浓的年味。早期在农村，酱肉、腊肉不仅是过年必吃的佳肴，也是为来年储备肉类食材，在小鸡、小猪仔还没长大前可以有肉吃，酱肉、腊肉的风味会随着时间一直累积，像酒一样越陈越醇。在农家里，农户们最爱用自己做的风干白萝卜丝同酱肉一起上笼蒸，春夏之际再结合荷叶的清香一并入笼，三味合一更将农村乡情的滋味体现得淋漓尽致。

原料：
腌制、风干好的酱肉500克（做法见第33页），风干萝卜丝50克，干荷叶1张，香葱花5克

调味料：
川盐2克，味精4克，香油5克

做法：

❶ 将腌制好的酱肉生胚，用约60℃热水浸泡2小时后，洗干净表面的料渣。上笼蒸30分钟，取出冷却。

❷ 干荷叶用约60℃热水泡涨、泡软后，修成与蒸笼大小一样的形状垫底。

❸ 将风干萝卜丝用约40℃温水泡涨后挤干水分。

❹ 将炒锅置于火炉上，中火烧至四成热时将泡涨的萝卜丝入锅，煸炒至水气快干时，用川盐、味精、香油调味，翻炒均匀后出锅垫入蒸笼内。

❺ 将蒸熟的酱肉切成长15厘米、厚0.2厘米的薄片，摆入蒸笼内，以大火蒸8分钟，取出后撒上香葱花即成。

【美味秘诀】

❶ 用热水浸泡酱肉的时间长短要根据酱肉含盐量，也就是咸度来决定。

❷ 风干萝卜丝泡水的时间不宜过长，萝卜丝充分吸收水分即可。萝卜丝一定要入锅干炒至干香、入味，最后提味的香油也要少，足够提味即可。

❸ 生的酱肉切忌直接切片装盘来蒸，成菜口味过咸、滋润度不佳、香气薄弱。酱肉一定要先蒸熟后冷却，切片装盘再回蒸，一来利于刀工切片，二来可将酱肉的风味完全展现，成菜咸味适中、口感滋糯、酱香浓郁，更好吃。

❹ 肉片要切得薄而均匀，长度根据蒸笼的大小而定。

菜品变化：
青椒煸酱肉、粗粮酱肉包、莲花白爆酱肉等。

蒜薹炒腊肉

烟熏味浓，肥而不腻

味型：咸鲜腌腊味

烹调技法：炒

在四川，每年春节，腊肉是几乎家家必做的，拜环境、气候之赐，最美味的腊肉莫过于"青城山老腊肉"和重庆的"城口老腊肉"，肉是肥瘦相连、肥而不腻、烟熏味浓厚，煮熟后肥肉晶莹透亮、瘦肉红亮而干香。腊肉的风味随时间累积，到了冬春之际，蒜薹正脆嫩碧绿时，腊肉风味浓淡正适宜，与碧绿蒜薹成了绝配，虽是一道普通的季节家常菜，却让人感受到春天的滋味，那醇浓的味道与鲜嫩的清香在盘中相会。

原料：

猪腿腊肉 200 克，蒜薹 150 克，嫩姜 25 克，甜椒 25 克

调味料：

川盐 1 克，味精 5 克，香油 5 克，色拉油 10 克

做法：

❶ 将猪腿腊肉用 60℃热水浸泡 2 小时后洗净，上蒸笼用大火蒸 25 分钟出笼，冷却。

❷ 将蒸熟的腊肉切成二粗丝状；蒜薹切成 4 厘米长的段；嫩姜、甜椒分别切成二粗丝。

❸ 将炒锅置于火炉上，放入色拉油，中火烧至四成热，将腊肉丝下入锅中煸香，当腊肉丝吐油时，沥去多余的油后放入蒜薹段、嫩姜丝、甜椒丝翻炒均匀。

❹ 用川盐、味精、香油调味，炒匀出锅即成。

菜品变化：

青蒜炒腊肉、老腌菜炒腊肉、双椒炒腊肉等。

【美味秘诀】

❶ 腊肉的咸味比较重，所以要先用热水浸泡，泡去大部分咸味，然后再上蒸笼蒸。

❷ 腊肉用蒸比用煮烟熏味更浓郁，成菜风味更具特色。

❸ 切腊肉时，腊肉的瘦肉、肥肉与皮需连在一起，这样成形才美观，吃时口感爽而滋润。

❹ 最后调味时要注意盐的用量，配合腊肉的咸味做调整，因为腊肉本身的咸味较重。

干豇豆蒸老腊肉

烟熏味扑鼻，回味持久，入口肥而不腻

味型：腌腊味
烹调技法：蒸

干豇豆和腊肉都是一种半成品食材，都是为了延长储存时间而发展出来的保存方法，食用时可用蒸、炒、煮、拌等方式成菜。

豇豆的盛产季节是夏天，早期缺乏保鲜设备时，会将豇豆或其他适合的蔬菜晒干以延长保存时间，也解决盛产时吃不完和冬季蔬菜缺乏的问题。这些蔬菜，特别是豇豆，经过阳光的热情干燥后，也生出了干香味，与腊肉的烟熏腊香味可说是互相烘托。这也是四川地区每年冬春季招待亲朋好友的美味佳肴，干香而滋润，虽然家常却回味良久，就像真情谊一样。

原料：
三层老腊肉 250 克，干豇豆 50 克，香葱花 10 克，干辣椒段 10 个，干花椒粒 10 克，猪棒骨 2 根

调味料：
川盐 2 克，味精 10 克，鲜高汤 1000 克（做法见第 25 页），色拉油 50 克

菜品变化：
青椒煸酱肉、粗粮酱肉包、莲花白爆酱肉等。

做法：

❶ 将三层老腊肉先用火烧尽表皮的残余毛后，用 80℃ 的热水浸泡 2~3 小时，水量以淹过三层老腊肉为准，取出洗干净，再上蒸笼蒸 30 分钟取出冷却。

❷ 将蒸熟的三层老腊肉切成 0.2 厘米厚、6 厘米长的片，然后依"风车型"的成菜形状摆入蒸碗内。

❸ 把干豇豆洗净下入鲜高汤内，加猪棒骨，用川盐、味精调味后上火炉。先大火煮开再小火慢慢焖煮至干豇豆回软入味，出锅切成 3 厘米长的段盖在腊肉上面。

❹ 将腊肉蒸碗上蒸笼大火蒸 15 分钟，取出翻扣于盘中。

❺ 炒锅置于火炉上，加入色拉油，中火烧至四成热时，下干辣椒、花椒炝香后淋在蒸好的腊肉上，撒香葱花即可。

【美味秘诀】

❶ 腊肉比较咸，味比较重，所以要先泡水再蒸，这样制作出来的菜肴烟熏味较为浓郁。也可以直接加水上火煮 30 分钟至熟透，但烟熏味较淡。

❷ 泡水的目的主要是减轻咸味，让成菜的咸度适中。

❸ 第一次蒸时间不宜过长，否则成菜软烂，口感不佳、易腻。

❹ 第二次蒸的目的只是加热，并让干豇豆吸取老腊肉的油脂。

❺ 炝干辣椒的油不宜过多，不然成菜油腻感过重，影响风味。

热菜
29.

干煸牛肉丝

入口干香，麻辣味重，佐酒美味

味型： 麻辣味
烹调技法： 干煸

　　干煸是川菜烹调中相当具有特点的一种烹调方法，干煸菜肴的烹调特点是食材码拌时不上浆，入味后直接入锅不用油或只用少许油煸炒至主辅料的水气干香成菜，风味特色是入口干香味厚，但对许多食材而言要煸炒至干香须煸炒良久，对现今的餐馆酒楼而言太耗时了，因此在制作干煸菜品时多先油炸再煸炒成菜，这样的干香味会稍差，油分偏多。这里按传统做法煸炒，出锅前不用勾芡收汁，只要煸炒至自然收汁、酥软干香即可成菜。

原料：
牛里脊 300 克，姜 75 克，大葱 50 克，芹菜 50 克，干辣椒 100 克，辣椒粉 20 克，花椒粉 20 克

调味料：
川盐 4 克，味精 10 克，白糖 3 克，料酒 10 克，香油 15 克，红油 25 克，色拉油 50 克

【美味秘诀】

❶ 牛肉丝的大小均匀是保持成菜外形美观的关键之一。

❷ 煸炒牛肉丝时不要将牛肉炒的过干，否则成菜后的口感干硬，不滋润。一般是煸至锅中无水分，牛肉丝外表略硬而整体带有弹性即可，入口才会滋润干香。

❸ 在煸牛肉时注意投料的先后及火候的大小，以免将辣椒炒煳而产生怪味。

做法：

❶ 将牛里脊去筋、油膜后，切成长 6 厘米、粗 0.3 厘米的粗丝。姜、大葱、芹菜、干辣椒均切成细丝。

❷ 将牛肉丝用川盐 2 克、料酒 5 克码拌入味，约 5 分钟。

❸ 将炒锅置于火炉上，入色拉油，以中火烧至五成热，下牛肉丝滑散后，转中小火煸干水分。接着放入姜丝、干辣椒丝炒香。

❹ 转小火，将芹菜、大葱丝放入锅中，烹入料酒 5 克炒匀至断生。

❺ 出锅前用川盐 2 克、味精、白糖、辣椒粉、花椒粉调味炒匀，加入红油、香油炒匀即可盛盘。

菜品变化：
干煸鳝鱼、干煸鸡、干煸泥鳅等。

小炒黄牛肉

入口微辣而细嫩，清香味美，成菜色泽诱人

味型：家常味
烹调技法：炒

原料：

黄牛肉 300 克，青美人辣椒 50 克，红美人辣椒 50 克，姜末 25 克，蒜末 20 克，香菜梗 25 克，淀粉 5 克

调味料：

川盐 3 克，味精 5 克，料酒 10 克，白糖 3 克，香醋 3 克，蚝油 10 克，香油 10 克，柱侯酱 5 克，色拉油 10 克

做法：

❶ 将黄牛肉去筋切成长 2 厘米、宽 1.5 厘米、厚 0.3 厘米的片。用蚝油、柱侯酱、料酒、淀粉、酱油码拌上浆并使其入味。

❷ 青美人椒、红美人椒分别去蒂洗净，切成 0.5 厘米长的圈状。

❸ 将炒锅置于火炉上，加入色拉油，中大火烧至六成热，下牛肉片入锅滑散，沥去余油，接着放入姜末、蒜末，炒香后，放入美人椒圈翻炒均匀。

❹ 最后用川盐、味精、白糖、香醋、香油调味，下香菜梗炒匀即可出锅装盘。

【美味秘诀】

❶ 此菜品的口感是否够嫩，取决于选料，因此一定要选用黄牛的牛里脊且肉中的筋要去干净，才能使成菜后的肉片入口细嫩多汁，让人回味。

❷ 牛肉片上的粉不宜过厚，粉过厚，成菜口味将不够滑且盖去部分鲜肉味。粉少了，成菜后的牛肉口感绵而老，欠缺滑爽的美味感受。

❸ 辣椒下锅后不要炒的过久，炒的过久其色泽容易发黑。

❹ 牛肉滑散后一定要将多余的水气炒干，否则成菜后体现不出肉片滑嫩、干香的特色。

菜品变化：

小炒肉、青椒炒牛肉、莴笋木耳肉片等。

小煎小炒是川菜烹调技法一大特色，适应性极强，一口炒锅就能炒遍天下，可说是川菜成为最普及菜系的关键。无论高档的星级酒店还是小至家常饭馆，乃至小到农家小院；上至高档宴席下至九大碗。都能见到小煎、小炒的踪影。这种烹调工艺的精髓在四川已融入到生活中，也因此许多经典美味佳肴常隐身在小街、小巷或一般家庭中，值得寻味。小炒黄牛肉成菜以其速度快、细嫩、干香的特点成为餐馆酒楼的必备菜品，既能佐酒又能下饭。

清炖牛腩

入口清香，炰软回甜，暖胃养身

味型：咸鲜味、家常味
烹调技法：炖

　　清炖牛肉是清真菜系的一道家常名菜。此道菜只选用牛腩肉作为食材，牛腩瘦肉多而均匀，与筋膜紧密相连，炖炰后的牛腩肉与白胖清香的萝卜搭配，可以让汤变得浓郁而清爽，萝卜也因为吸附了肉香与油脂而显得滋润，不再只是单调的清甜多汁。冬季食用此道菜肴更是暖胃养身。四川地区的清炖汤品还有一个特色，就是食用时一定会搭配蘸碟，以维持味蕾持续活跃，这里搭配的是鲜豆瓣酱味碟。

原料：
牛腩 300 克，象牙白萝卜 1000 克，香菜 50 克，陈皮 25 克，生姜 25 克，水 2500 克

调味料：
川盐 2 克，鲜豆瓣酱味碟 1 份（做法见第 19 页）

做法：

❶ 将牛腩肉洗净后，斩成 2.5 厘米见方的丁。香菜洗净后切成碎末。象牙白萝卜去皮切成 3 厘米的小滚刀块。

❷ 将炒锅置于火炉上，入水至七分满，大火烧开。下牛腩肉入锅中煮透，期间随时打去表面的浮沫，将煮透的牛腩捞出锅冲洗干净。

❸ 汤锅置于火炉上，加入水 2500 克，将生姜、陈皮、牛腩肉下入锅，先大火煮开再转小火，加盖慢炖约 2 小时至牛肉炰软，再下滚刀萝卜块炖至萝卜熟透炰软。

❹ 以川盐调味，出锅装入汤碗，撒入香菜末。食用时配上鲜豆瓣酱味碟。

【美味秘诀】

❶ 牛肉的刀工处理，要求大小均匀，而萝卜的成形不宜太大，才能方便食用。但若太小，入锅后经不住炖煮，容易碎烂而不成形。

❷ 炖菜的特色体现为每一样食材都要炰软适度、炰而有形、炰而不烂。因此掌握炖制的时间、火力大小、食材的质地、下入食材的顺序是炖菜的功夫所在。

❸ 味碟选择鲜豆瓣酱体现了四川的川西坝子地方特色。也可以用红油味碟、麻辣味碟、鲜辣味碟等代替。

菜品变化：
清炖鸡、清炖排骨、清炖肘子等。

花仁牛排

外酥内嫩，风味多样

· · · · · · · · · · · · · · · · · · ·

味型： 椒盐、果酱、鲜辣味
烹调技法： 炸

牛排本来是西餐中的一道经典菜色，此道花仁牛排借鉴了西餐牛排搭配酱汁的经典形式，大胆运用川菜具个性、多样化的味型，烹调出花仁香酥味的川式牛排，可以随意选择蘸裹鲜辣味、椒盐味、果香酱味等蘸碟，外皮酥香、内层细嫩爽口，体现川菜的"一菜一格、百菜百味"之滋味多变、百吃不腻的特点。

菜品变化：
香酥鱼排、酥炸猪排、香酥鸡柳等。

原料：
牛里脊 300 克，酥花生仁 500 克，白芝麻 100 克，面包粉 200 克，鸡蛋 2 个，淀粉 100 克，香葱花 3 克，小米辣椒末 20 克，大蒜末 10 克

调味料：
川盐 3 克，味精 10 克，料酒 10 克，花椒粉 4 克，美极鲜 10 克，辣鲜露 10 克，热鸡汤 50 克，色拉油 2000 克（约耗 50 克）椒盐味碟 1 份，果酱味碟 1 份，鲜辣味碟 1 份（味碟做法见第 19 页，此处用鲜辣味碟三）

做法：

❶ 将牛里脊去筋、油膜后，片成长 10 厘米、宽 8 厘米、厚 0.3 厘米的片，冲净血水，挤干水分。

❷ 牛肉用川盐、料酒码拌后静置约 5 分钟使其入味，然后用鸡蛋、淀粉上浆。

❸ 将酥花生仁压碎成 0.1 厘米大小的粗末后，与白芝麻、面包粉和匀成酥香粉。

❹ 将牛肉片均匀地裹上步骤 3 的酥香粉，即成牛排生胚。

❺ 将炒锅置于火炉上，加入色拉油至大约七分满，中火烧到三成热时，下牛排生胚入锅，转小火慢慢炸至外酥内熟时，出锅沥油。

❻ 装盘前将炸熟的牛排改刀成条状，然后配上椒盐味碟、果酱味碟、鲜辣味碟一起上桌享用。

【美味秘诀】

❶ 牛肉在选料时，要选方正、块大、肉厚的，才便于切片成形。

❷ 为使成菜美观、口感佳，片牛肉片时要求肉片要大而薄且厚度均匀。此外牛肉成片后必须冲净血水并挤干，码拌时才容易入味。

❸ 炸牛排的油温保持在三四成热之间。油温高会将裹上的酥香粉炸煳、炸焦，影响成菜的风味和色泽。油温过低牛排炸不酥，成菜口感不好又腻口。

❹ 为使享用者体验多种风味，因此要掌握好各种味型的调制比例，并考虑其协调性。

热菜
33.

鲜花椒煮肥牛

麻香味浓厚，细嫩爽口

鲜花椒煮肥牛

麻香味浓厚，细嫩爽口

味型： 鲜麻味
烹调技法： 煮

川菜中鲜花椒的使用是近十多年开始流行的新兴食材，在传统川菜中并不使用青花椒、鲜花椒。现在的餐饮市场使用已相当普遍且用量大，因其清香的爽麻味被大多数年轻人青睐和追捧。现今青花椒的产地分布相当广泛，每个产地因土质、品种、日照时间差异，花椒风味也不一样。可以尝试使用不同产地的花椒搭配小米辣椒的鲜辣味与野山椒的特有辣味调出具有个性风格的鲜麻味。

菜品变化：
鲜花椒仔兔、鲜花椒牛蛙、鲜花椒牛百叶等。

原料：
肥牛150克，金针菇100克，保鲜青花椒100克，野山椒50克，红小米辣椒20克，香葱花10克，鲜高汤500克（做法见第25页）

调味料：
川盐2克，味精10克，蒸鱼豉油80克，鲜味汁10克，白糖3克，香油10克，藤椒油50克，色拉油50克

做法：

1 将肥牛切成0.2厘米厚，长约10厘米的薄片。红小米辣椒、野山椒切成0.5厘米厚的圈。

2 金针菇切去根部入开水锅中煮至熟透，出锅垫于碗底。

3 将炒锅置于火炉上，加入鲜高汤，以中大火烧沸，用川盐、味精调味后，下肥牛片煮至断生即出锅沥水，再盖到碗中的熟金针菇上面。

4 将蒸鱼豉油、鲜味汁、白糖调匀后淋在肥牛上。

5 再取炒锅置于火炉上，中火烧热，下入色拉油、藤椒油、香油，大火烧至五成热，下入野山椒、红小米辣椒圈、青花椒炒香后淋在肥牛上，撒入香葱花成菜。

【美味秘诀】

1 熟悉并掌握鲜高汤烫熟的肥牛片的咸度与蒸鱼豉油、鲜味汁及白糖调制的味汁之间咸度的呼应，做到咸淡、鲜味适度而融合，是此菜美味的关键。

2 肥牛的刀工处理应厚薄、长短均匀一致，这是成形美观的关键。

3 肥牛入锅煮时，汤应多、火力要大、煮的时间不宜过长。以刚熟断生为宜。煮的时间过长肥牛的质感会老，影响成菜的整体口感。

4 最后炒藤椒油、鲜花椒、红小米辣椒、野山椒的油温不宜高，炒的时间也不能太长。油温高了、时间长了容易焦煳，油温低了、时间短了就激不出该有的香气。

热菜 34. 石板牛仔骨

色泽红亮，入口滑爽、细嫩，酱香浓郁

石板牛仔骨

色泽红亮，入口滑爽、细嫩，酱香浓郁

味型：酱香鲜辣味
烹调技法：焗

　　石板、铁板、砂锅等是盛器也是炊具，这些器具出现在桌上，就会有一种温暖的感觉。所以此类器皿在冬季使用较为广泛，成菜前将器皿放在火上或烤箱内加热，再放入菜肴保温或继续烹煮，上桌后给食客一种热气腾腾的温暖就餐气氛。

原料：
牛仔骨400克，洋葱300克，红小米辣椒25克，青甜椒40克，红甜椒40克，香菜20克，鸡蛋1个，淀粉15克

调味料：
川盐3克，料酒20克，奶油15克，老油25克（做法见第22页），色拉油75克，特调石板酱材料100克（做法见第116页）

器具：
可直火加热的石板盛器1块

做法：

❶ 将牛仔骨改刀成小块，用流动水冲净血水。

❷ 挤干牛仔骨的水分后，用川盐、料酒、鸡蛋清、淀粉码拌上浆，静置10分钟使其入味。

❸ 入味后再拌入混合好的特调石板酱和老油再腌制20分钟。

❹ 洋葱切成2.5厘米见方的小块。红小米辣椒对剖切成两半。青甜椒、红甜椒切成2.5厘米见方的块。香菜切成寸段。

❺ 将石板放上火炉，中火烧热，下奶油抹匀，放入青甜椒、红甜椒、洋葱、红小米辣椒焗香。

❻ 将炒锅置于火炉上，下入色拉油以中火烧热，倒出多余的油，再下码好味的牛仔骨以中火煎熟后，出锅盖在热烫的石板上，摆上香菜即成。

【美味秘诀】

❶ 牛仔骨的刀工处理需大小均匀。

❷ 牛仔骨必须将血水冲漂干净，否则成菜色泽发黑。

❸ 码拌入味后再将酱料、老油一同码在牛仔骨上腌制，这样成菜的滋味有层次，色泽也更加红亮。

❹ 牛仔骨一定要用煎的烹调技法，然后盖在石板上焗，使其成菜外表干香但口感滑嫩。

❺ 石板一定要先烧热至烫，才足以使其上的蔬菜块断生，当盖上牛仔骨后才能滋滋作响，热烈用餐的氛围才浓厚。

菜品变化：
石板烤银鳕鱼、石板牛蛙、石板焗鹅肝等。

山椒煸仔兔

入口干香，酸辣麻香味美

味型：家常味
烹调技法：煸、炒

野山椒因辣度过高，已影响享受美食的乐趣，在四川地区原本不受青睐，因辣味在川菜中主要起调剂口味、增加味觉层次的丰富度，川菜厨师若是将菜品做到让人辣不知味，那厨艺绝对不及格。这些年因为野山椒泡制后具有特殊酸香味且辣味变得醇和一些才开始在餐饮行业中使用，现在已经大量使用在菜品的调味中了。泡野山椒其色泽为独特的芥末黄绿，入口辣而酸，辣味在口中回味持久而深受年轻朋友的喜爱。

原料：
治净仔兔肉 200 克，泡野山椒 100 克，干花椒 10 克，干辣椒段 50 克，姜片 5 克，大葱 10 克，青二荆条辣椒 100 克

调味料：
川盐 3 克，味精 10 克，料酒 15 克，嫩肉粉 5 克，酱油 3 克，山椒水 20 克，香油 15 克，色拉油 75 克

做法：

❶ 将治净的仔兔肉斩成 2 厘米大小的块，用川盐 1 克、料酒 10 克、酱油、嫩肉粉码拌后，静置约 5 分钟入味上色。

❷ 青二荆条辣椒切成 2 厘米长的段。大葱切成 1.5 厘米长的段。

❸ 炒锅置于火炉上，加入色拉油，用中火烧至五成热，将码拌入味后的兔肉入锅滑炒至散，沥去多余的油。

❹ 将泡野山椒放入锅中与兔肉一起用中小火煸炒至香，再下姜片、大葱、干辣椒段、干花椒继续煸炒。

❺ 用川盐 2 克、味精、料酒 5 克、山椒水、香油调味炒匀，收汁后下入青二荆条辣椒段炒熟，即可出锅成菜。

【美味秘诀】

❶ 兔肉不宜斩得太大，以 2 厘米为宜。否则在煸炒过程中不容易煸炒得干香。

❷ 兔肉一定要煸干水气后再开始下料。先放带水分的野山椒炒香入味后再放其他调料煸炒。

❸ 煸炒过程中火力不宜过大，才有足够的时间慢慢翻炒至兔肉入味、干香。

菜品变化：
香水仔兔、青椒仔兔、跳水嫩兔等。

仔姜带皮兔

入口滋糯清香，姜味浓郁

....

味型：仔姜（嫩姜）味
烹调技法：烧

四川的俗话说："冬吃萝卜夏吃姜，不找医生开药方"，明白指出姜具有食疗保健的功效，这是因为姜的辛味厚重能温胃，对开胃提神、增进食欲有极佳的效果，仔姜带皮兔就是这样一道爽口美味的保健菜肴。川菜的调味注重选料，而且下料较重，以突出某一种或多种风味，仔姜系列菜的形成与普及要感谢近数十年交通的发达与保鲜设备的进步。因嫩姜碰水气会腐坏，遇干燥失去水分口感就会粗、老，不像老姜只要保持干爽就能保存一段时间。所以早期要吃到美味仔姜要自己种或住在产区附近。

原料：

带皮兔 350 克，黄瓜 200 克，仔姜（嫩姜）250 克，鲜红小米辣椒 50 克，鲜青花椒 20 克，香葱花 10 克，泡辣椒末 35 克，泡姜末 50 克，姜末 12 克，蒜末 12 克

调味料：

川盐 2 克，味精 10 克，料酒 10 克，香油 10 克，鲜高汤 400 克（做法见第 25 页），色拉油 50 克

做法：

❶ 黄瓜去皮、籽，切成大一字条；仔姜切成细丝；鲜红小米辣椒切成二粗丝。

❷ 带皮兔入沸水锅中白煮至熟，出锅冷却后斩成小一字条。

❸ 将炒锅置于火炉上，加入色拉油，中火烧至四成热，下泡辣椒末、泡姜末、姜末、蒜末炒香出色，再放入鲜花椒炒出香味后掺入鲜高汤，先大火烧沸再转小火。

❹ 将斩好的兔肉条下入锅中，小火烧约 8 分钟，用川盐、味精、料酒调味。

❺ 最后放入仔姜丝、鲜红小米辣椒丝再烧约 2 分钟，调入香油、香葱花出锅成菜。

【美味秘诀】

❶ 生兔肉可以直接斩成小条，码拌入味过油后再烧，但这样烹调时间会加倍，优点是成菜更加鲜嫩，更加入味，可依出菜需求调整工序。

❷ 嫩姜丝可以分两次下锅。一次是炒料时先加入一半姜丝，第二次是出锅前加入另一半，这样姜味比较浓郁、突出而有层次。

❸ 烧制这道菜时火力要小，小火慢慢煨制，成菜香味更浓厚、兔肉更加有味、色泽也更红亮。火大容易浑汤而影响成菜的色泽，不好看也不入味。

菜品变化：

仔姜烧美蛙、仔姜鳝鱼、仔姜烧青波等。

清炖蹄花

洁白细嫩，滋糯清淡、爽口

味型： 咸鲜味
烹调技法： 炖

　　"蹄花"是猪蹄的一种美称，因猪蹄表皮洁白、胶质较重、蹄筋滋糯爽口，又被称为"美容蹄"。一般大众多半会认为清炖蹄花是一道简单的汤菜，但就因看似简单让许多人疏忽此汤菜的烹制细节，而无法让简单的咸鲜味成为隽永美味。完美的清炖蹄花要求成菜炨而不烂、保持外形完美，入口滋糯、肥而不腻，汤汁鲜香回味。要做好这道菜需要的技巧就是耐心、细心，还记得曾有句话流传在行业间：小火慢煨时间够，功到自然成，猪蹄自然炨糯又离骨。

【美味秘诀】

❶ 猪蹄需选新鲜前蹄 1 对，前蹄肉多；后蹄肉少。

❷ 切记不要选用冷冻猪蹄，冷冻猪蹄无筋，成菜后口感不滋糯。

❸ 猪蹄应选无毛、干净、大小一致、肉厚实的为宜。

❹ 猪蹄先大火烧开，再转小火慢慢煨煮成菜。火力太大，滚沸的汤容易将猪皮冲破影响成菜美观。

菜品变化：

酸萝卜炖猪蹄、海带炖猪蹄、藕炖猪蹄等。

原料：

猪前蹄 2 只（约 600 克），雪豆（白腰豆，生长在海拔两三千米以上的高原地区）100 克，姜片 5 克，大葱段 10 克，水 2000 克

调味料：

川盐 3 克，味精 10 克

做法：

❶ 将蹄花表面的残毛去除干净，入开水锅中煮至断生出锅洗净浮沫。

❷ 干雪豆放入盆中，加入 30℃左右的水浸泡涨发 6 小时，捞出沥水。

❸ 将洗净的猪蹄放入适当大小的砂锅内，加姜片、大葱段，掺入水，水应淹过猪蹄至砂锅的八分满，先中小火炖 2.5 小时，下涨发好的雪豆入锅内，再转小火炖 2 小时。

❹ 食用前再用川盐、味精调味即成。可再撒入香葱花提香、提色。

黄豆烧猪蹄

色泽红亮，入口滋糯，家常味浓郁

味型：家常味
烹调技法：炸、烧

川菜名菜中的"清炖猪蹄"、"雪豆炖蹄花"等菜选用的是猪前蹄。前蹄的特点在于肉质较厚、蹄筋较为粗壮，故成菜后滋糯不腻、口感更佳。这道菜虽是红烧成菜，但并非以传统的酱油、糖色来上色，而是改用红曲米上色，可以更加红亮且储存时间可以延长，菜品色泽也不容易变黑而是红亮。以传统的酱油、糖色来上色的缺点是成菜隔夜后色泽发黑、发暗而影响食欲。

原料：
燎烧去毛治净猪前蹄2只（做法见第117页），干黄豆50克，郫县豆瓣20克，泡辣椒末30克，泡姜末15克，姜末8克，蒜末8克，大葱段25克，红曲米30克，鲜高汤1000克（做法见第25页）

调味料：
川盐2克，味精10克，白糖3克，香油10克，色拉油适量

做法：

❶ 干黄豆用80℃热水浸泡6小时至涨发饱满，沥水。

❷ 猪前蹄用刀对剖成两半。

❸ 将炒锅置于火炉上，加入清水至五分满，下红曲米、猪蹄入锅，先大火烧开再转中火煮约15分钟，至猪蹄表皮上色均匀即可出锅沥水。

❹ 炒锅洗净置于火炉上，倒入色拉油至七分满，大火烧到油温六成热时，将上色后的猪蹄下入油锅中炸至色泽金黄、表皮的水分干时出锅沥油。

❺ 炸好后的猪蹄斩成3.5厘米的块状，入沸水锅中余一水后出锅沥水。

❻ 炒锅置于火炉上，加入色拉油100克，中大火烧至五成热，下郫县豆瓣、泡辣椒末、泡姜末、姜末、蒜末、大葱段炒香，炒至油的色泽红亮、水气快干时掺入鲜高汤，用大火烧沸熬30分钟，捞掉料渣只留汤汁。

❼ 将猪蹄放入汤汁内以小火烧煮2小时，再放入涨发的黄豆烧约1小时，起锅前用川盐、味精、白糖、香油调味即可。

【美味秘诀】

❶ 此菜必须选用猪前蹄，因后蹄的骨头多肉少，不适合斩块成形。

❷ 猪蹄用火烧时必须将残毛烧干净，但要避免将表皮烧烂而影响成菜的外形美观。猪蹄用火烧除毛还能起到除腥膻味增香的效果。

❸ 用红曲米上色不宜上的过重（深），否则成菜色泽会发黑。若是上的色泽太浅，成菜色泽不够红亮，无法诱人食欲。

❹ 猪蹄下油锅中炸的主要目的有两个，一是炸脱部分脂肪，让成菜后肥而不腻，二是让成菜后的色泽红亮而稳定。

❺ 炸好后的猪蹄余水的目的是去除血腥味和油炸过程中产生的焦味。

❻ 炸好后的猪蹄除了小火慢烧外，也可以入高压锅内压煮25分钟左右就可以成菜。两种方式成菜的口感差异不大，但高压锅煮的风味会显得较单薄、不厚实。

菜品变化：
红烧猪尾巴、胡萝卜烧五花肉、红焖肘子等。

大蒜烧鳝鱼

家常蒜香味浓郁，咸鲜微辣，佐酒下饭皆宜

味型：大蒜家常味
烹调技法：烧

川菜中常用的"大蒜"有两种，分为独（圆）大蒜和瓣蒜两种，独大蒜最明显的外观特点是去皮膜后外形是完整的一个，一般瓣蒜是一瓣一瓣的。独大蒜味香、浓，成菜后不只可食用也可以作为成菜装饰，但产量低而价格较高，多用于较高档的菜肴。瓣蒜产量高，味道适中，使用较为广泛。生大蒜的辛辣味浓郁，用来烹调鳝鱼具有极佳的除异味效果，且独特香味能完美地烘托鳝鱼的鲜香味，搭配其他本味浓的食材也能发挥同样效果，因而产生许多以大蒜为主要风味调料的名菜如大蒜烧鲇鱼、大蒜烧肚条等。

原料：
去骨鳝鱼 300 克，大蒜 300 克，莴笋 40 克，泡辣椒末 35 克，泡姜末 20 克，郫县豆瓣 20 克，姜末 20 克，大葱段 20 克

调味料：
川盐 2 克，味精 10 克，白糖 3 克，料酒 10 克，陈醋 5 克，香油 10 克，色拉油 75 克，水淀粉 50 克，鲜高汤 500 克（做法见第 25 页）

做法：

❶ 将去骨鳝鱼去头后用水洗净血水，斩成 6 厘米长的段。大蒜去皮后将顶部和底部修干净。莴笋切成大一字条。

❷ 将炒锅置于火炉上，放入色拉油，大火烧至六成热，下泡辣椒末、泡姜末、郫县豆瓣熵香，再下姜末、大葱段、大蒜、鳝鱼段一同煸炒。

❸ 大火炒至油色的色泽红亮，泡辣椒醇香味溢出时烹入料酒翻匀，掺入鲜高汤，先大火煮沸再转小火烧 2 分钟后，下入莴笋条烧至断生。

❹ 用川盐、味精、白糖、陈醋、香油调味后，再用水淀粉收汁亮油即成。

【美味秘诀】

❶ 鳝鱼必须选用鲜活且大小均匀的鳝鱼。此菜也可以带骨切段来烧，但这样烧制时间较长，且食用时不方便，好处是成菜后形较完整。

❷ 烹调时可以将料渣炒香后去掉，只留汤汁和鳝鱼一同烧制成菜，此法成菜好看但是味道没有原烹调方式那么浓厚有层次。去掉料渣来烧制时，鳝鱼需先过油炸一下，这样才能去除鳝鱼的部分泥腥味。

❸ 大蒜一定要烧到炽，因此需先下大蒜炒香再下鳝鱼炒，成菜的香气才足，整体口感才能软糯滋润。

❹ 烧制菜肴务必用小火慢慢烧制才能确实入味，成菜色泽也较为红亮诱人；大火烧制容易浑汤，且成菜的口感差。

菜品变化：
红烧泥鳅、大蒜烧牛蛙、大蒜烧鲇鱼等。

干锅鳝鱼

孜然香辣味浓厚，色泽红亮，回味悠长

干锅鳝鱼

孜然香辣味浓厚，色泽红亮，回味悠长

●●●●●●●●●●●●●●●●●●●●●●●●●●●

味型：麻辣孜然味
烹调技法：炒

　　"干锅系列"菜近几年流行于大江南北，因此有许多以川味干锅为主题的连锁餐馆在各地火爆上场。干锅菜的最大特色就是成菜干香、软嫩适度、回味持久而厚重，在主料吃完后还能加入鲜高汤转变成火锅，一菜两吃，加上经济实惠而深受喜爱。

　　但对四川地区以外的朋友来说多半不能准确掌握干锅菜的概念，所谓"干锅"是相对于火锅而言，其汤汁相对少，干香是最大特色，以麻辣味为主，可以看做是"炒"出来的麻辣火锅，各种食材皆能炒制成菜。干锅要有特色就须有自己的干锅底料，就像麻辣火锅一样，所以干锅底料的配方与炒制工艺几乎被视为一家干锅馆子的命根子。这里为方便多数读者，在配方上我们使用超市有售的麻辣火锅底料。

原料：

去骨鳝鱼400克，黄瓜200克，洋葱100克，青美人辣椒50克，红美人辣椒50克，干红花椒5克，干辣椒段50克，香菜段20克

调味料：

川盐2克，味精10克，白糖2克，料酒15克，香油10克，孜然粉15克，火锅老油50克（做法见第22页），色拉油50克，火锅底料40克

做法：

❶ 将去骨鳝鱼去头洗净后斩成8厘米长的段；黄瓜去皮、瓤后切成大一字条；洋葱去粗皮切成2厘米见方的块；青美人椒、红美人椒均切成2.5厘米长的段。

❷ 将炒锅置于火炉上，先下色拉油以中火烧至五成热，放入干红花椒、干辣椒段、火锅底料炒香，再放入鳝鱼一同翻炒，烹入料酒炒至鳝鱼卷曲肉质干香。下洋葱块、青美人椒、红美人椒，再下孜然粉炒香至熟透，最后下黄瓜略炒，断生即可。

❸ 起锅前用川盐、味精、白糖、香油调味后炒匀装盆，再配上香菜段即可。

【美味秘诀】

❶ 此菜的鳝鱼应选中大型的，使用前需去掉背脊骨以方便食用，经刀工成形后大小均匀且中大型鳝鱼肉质厚耐翻炒，可确保外表干香内层滋润筋道，最适宜烹制干锅。

❷ 掌握投料的先后次序与炒制时间，主料鳝鱼需先下锅煸炒，但不能炒的过干，否则口感绵韧。

❸ 辅料下锅炒的时间不宜长，断生即可，否则成菜的色泽不鲜亮也不脆口。

❹ 建立稳定而有特色的干锅底料调制方法及比例是创造干锅菜风格特色的秘诀。

菜品变化：

干锅耗儿鱼、干锅鸡、干锅兔等。

樱桃红烧肉

色泽红而透亮，入口滋糯香甜

味型： 甜咸味
烹调技法： 红烧

櫻桃红烧肉是一道传统的经典川菜，是以红烧的烹调技法烧制而成，因其外形大小、成菜色泽红而透亮，近似那盛季成熟的樱桃而得名。川菜佳肴的菜名就如川菜本身的亲和力一样，不造作、直接中又兼备优雅，多数菜品都能从菜名中看出大致的风味和工艺特色，如鱼香茄子、姜汁热窝鸡、百花江团、芙蓉臊子蛋、金钩凤尾等，因为川菜来自民间加上菜品繁多与兼顾各方食客，取菜名一般都不会刻意拐弯抹角让人一眼看不出究竟是什么菜肴。当然，宴席菜还是会配合吉祥寓意取菜名。

原料：
带皮三层肉 350 克，姜片 25 克，葱段 25 克，八角 1 个（约 2 克），山奈 2 小片（约 1 克），水 1000 克

调味料：
川盐 2 克，冰糖 75 克，香油 10 克，炒熟白芝麻 5 克，糖色 80 克（做法见第 23 页）

做法：

❶ 将三层肉切成约 1.2 厘米见方、带皮的条。

❷ 取干净炒锅置于火炉上，掺水至六分满，大火烧沸，下三层肉后转中火煮透以去净血沫，出锅沥水。

❸ 取适当大小的炖锅掺水 1000 克，下三层肉后上火，用大火烧煮至水开后下糖色推匀，转小火。

❹ 接着调入川盐、姜片、葱段、八角、山奈、冰糖小火慢烧约 1 小时至三层肉炟。

❺ 待锅内汤汁快干时，去掉姜片、葱段、八角、山奈不用，淋入香油，转中小火收汁亮油出锅，点缀炒熟白芝麻成菜。

【美味秘诀】

❶ 三层肉可以先冷冻约 2 小时，呈硬挺状后，再改刀成小条状，这样处理不仅成型容易而且整齐漂亮，但冻得过久会太硬反而无法改刀成形。常温的鲜三层肉质感偏软，直接刀工成形不易美观。

❷ 做红烧肉应用小火慢慢烧，切忌使用大火，其次是因此菜使用大量的糖，糖遇高温容易烧焦、发出苦味而影响成菜风味。烧的过程中需不停地晃锅，以免粘锅。

菜品变化：
黄焖鸡、大枣焖凤翅、红烧乳牛等。

品客红烧肉

色泽红亮，炪糯爽口

味型：家常味

烹调技法：烧

"品客"即目前随处可见的品客薯片。用香脆可口的西式休闲点心围边装盘，一道家常味红烧肉随即便成新派红烧肉。在现今竞争激烈的餐饮市场，如何使传统菜品有新鲜感？这问题让许多餐馆酒楼的总厨伤透脑筋，这道菜算是一个范例，通过外来食材的加入，红烧肉的口感随即产生变化，与薯片一起吃，酥脆炪糯的口感前所未有，加上薯片的西式风味更将味感转化成新奇的咸香滋润回甜。说明创新全在一念间的巧思，简单地加入一点新元素就是一道有异域情调的创新传统菜了。

原料：

带皮三层肉 300 克，原味品客薯片 12 片，郫县豆瓣 30 克，泡辣椒末 30 克，泡姜末 20 克，姜末 10 克，蒜末 10 克，大葱 15 克，十三香香料粉 5 克，小油菜 100 克

调味料：

川盐 2 克，味精 10 克，白糖 5 克，红曲米 25 克，蚝油 10 克，料酒 10 克，香油 10 克，鲜高汤 2000 克（做法见第 25 页），色拉油适量

做法：

❶ 带皮三层肉切成 3 厘米见方的块。将红曲米倒入沸水锅中，再放入三层肉块煮至熟透上色，出锅沥水。

❷ 小油菜下入另一开水锅中烫煮至断生捞出。

❸ 炒锅置于火炉上，加入色拉油至六分满左右，大火烧至五成热时，放入上色后的带皮三层肉块炸至变色、黄亮时出锅沥油。

❹ 另取净炒锅置于火炉上，加入色拉油 50 克，大火烧至五成热时，下泡辣椒末、泡姜末、郫县豆瓣、大葱、姜末、蒜末、十三香香料粉炒香出色，掺鲜高汤烧沸熬约 5 分钟后，沥去料渣留汤汁。

❺ 将汤汁倒入高压锅内，下炸好的带皮三层肉块，用川盐、味精、料酒、白糖、蚝油、香油调味，转大火压煮约 20 分钟出锅。没有压力锅可用炖锅，以小火慢烧约 90 分钟。

❻ 配上小油菜、薯片摆盘成菜。

【美味秘诀】

❶ 肉类食材经油炸后都会略有缩小，因此此菜的五花肉需切成 3 厘米大小的块，成菜后才能显出大气。

❷ 一般让烧肉上色可用糖色或红曲米，此菜品选用红曲米的目的是让成菜鲜艳红亮，因以糖色上色虽然红润却不亮，且用糖色成菜，色泽容易发黑，故不能存放过久。

❸ 红烧肉一定要烧至肉炪软、入味才能成菜。

❹ 薯片酥脆黄亮，家常红烧肉滋糯爽口，层次更加分明。

菜品变化：

红烧猪蹄、四季豆烧猪尾、香菇烧凤爪等。

烧汁长豆角

色泽碧绿脆爽，咸鲜微辣

味型： 烧汁咸鲜味
烹调技法： 烧

原料：
鲜豇豆（俗称"长豆角"）300 克，去皮三层肉 100 克，去皮大蒜 50 克，红美人辣椒 15 克，青小米辣椒 15 克

调味料：
川盐 2 克，烧汁 35 克，辣鲜露 15 克，蒸鱼豉油 10 克，味精 10 克，白糖 3 克，香油 10 克，色拉油适量，化猪油 25 克

做法：

❶ 豇豆切成 12 厘米长的段。三层肉切成长 3.5 厘米、厚 0.3 厘米的片。大蒜切掉两端。红美人辣椒、青小米辣椒切成 0.5 厘米长的粒。

❷ 将烧汁、辣鲜露、蒸鱼豉油加入碗中，调匀成味汁。

❸ 取炒锅置于火炉上，入色拉油至六分满，大火烧至五成热时，把豇豆段放入锅中过油，炸至豇豆七成熟时出锅沥油。

❹ 将炒锅洗净，置于火炉上，加入色拉油 25 克用中大火烧至四成热，下三层肉、大蒜丁炒香。

❺ 沥去余油，再下入化猪油继续煸炒约 2 分钟，下炸好的豇豆、红美人辣椒、青小米辣椒并烹入调好的味汁翻匀，转小火略烧至收汁。

❻ 起锅前用川盐、味精、白糖、香油调味炒匀即成。

【美味秘诀】

❶ 豇豆入油锅时不宜炸的太熟，才可以达到经二次烹炒后成菜依然脆爽的特点。

❷ 大蒜要炒得耙软出味，但是不要炒得煳焦。

❸ 调味汁不宜调入过早，放早了成菜后豇豆色泽发黑，味道偏咸。

❹ 红美人辣椒、青小米辣椒在快出锅时下，才能达到提色和增加辣味的目的。

菜品变化：
干锅豇豆、清炒豇豆、白灼豇豆。

"烧汁"是日本料理常用的一种调味料，色泽近似生抽，但味更鲜美且微甜。若以川菜的调料概念来看，就是日本料理中的"复制酱油"，在日本的日常烹调中常用于各种烧煮的菜肴中，日常生活中烹煮时间不足时，甚至可以只用烧汁帮菜肴调味而不需其他调料，是一种极为方便使用的调料。这日式滋味被融合在川菜的咸鲜味型中，成菜清香微辣，一股异国风味给已经对家常风味习以为常的食客们带来惊艳。

干煸四季豆

入口干香脆嫩，咸鲜微辣鲜美

味型： 咸鲜味
烹调技法： 干煸

"干煸"菜的特色在于其食材干香可口、咸鲜微辣，多是佐饭下酒皆宜的美味佳肴，加上川人喜爱吃香香，让干煸菜始终受欢迎。四季豆在四川又被称为"短豆角"，果实短、肉质厚、色泽碧绿，经煸炒后外皮干香，肉质脆嫩加上属于普遍能接受的咸鲜味，让干煸四季豆成为世人最为熟知的四川家常菜。又因其烹炒工艺相对单纯，取材简便，先炸后煸的改良版煸炒工艺让成菜的速度飞快，成为各种餐馆都会提供的菜色，因此几乎有华人的地方都可尝到。

原料：
四季豆 300 克，猪肉末 100 克，干辣椒段 15 克，干花椒 5 克，姜片 3 克，蒜片 3 克，宜宾碎米芽菜 50 克，香葱花 10 克

调味料：
川盐 3 克，味精 5 克，香油 10 克，色拉油适量

做法：

❶ 四季豆的筋、蒂去干净，切成 8 厘米长的段。干辣椒切成 1.5 厘米长的段。

❷ 炒锅置于火炉上，加入色拉油至六分满，大火烧至到五成热，下四季豆段入油锅中炸至皮紧熟透，出锅沥油。

❸ 炒锅洗净，置于火炉上，入色拉油 25 克，中火烧至四成热，下入猪肉末煸炒至干香，沥去余油后下姜片、蒜片、干辣椒段、干花椒、宜宾碎米芽菜煸炒至香。

❹ 将炸好的四季豆倒入锅中转中小火煸炒入味后，用川盐、味精、香油调味，下香葱花炒匀即可出锅盛盘。

【美味秘诀】

❶ 四季豆选肉质饱满、大小均匀、色泽鲜绿的为佳。

❷ 生的四季豆含有皂素和豆素等对人体有害的成分，但这些有害成分只要高温煮透就能去除，所以烹调四季豆一定要熟透，否则容易引起食物中毒。

❸ 四季豆不能炸的过久，否则成菜色泽发暗、口感也不好。

❹ 四季豆入锅煸炒的火力应小，时间以四季豆煸炒入味为准。

菜品变化：
蒜蓉炒四季豆、四季豆回锅肉、香辣四季豆。

鱼香肘子

色泽红亮，鱼香味浓郁，炽糯爽口

....

味型：鱼香味
烹调技法：蒸、淋

四川的民间传统宴席九大碗（又称"九斗碗"、"田席"、"坝坝宴"）中，肘子是一种普遍运用的食材，符合传统食俗中量大而形整的特点，像征主人的诚意，体现主人的家底富裕，对客人的到来表示热忱欢迎。同时早期农业社会难得吃到油润的肉肴，猪肘子肥多瘦少胶质多的比例也让其成为宴席必备。然而烧的炽糯的肘子直接上桌显得单调，且容易腻。于是川厨就为肘子挂上酸香微辣的鱼香汁，不只菜形丰富了，滋味也变得爽口。

原料：
燎烧去毛治净肘子 1 个（约重 900 克，做法见第 117 页），香葱花 20 克，泡辣椒末 30 克，郫县豆瓣 20 克，姜末 35 克，蒜末 50 克，水淀粉 75 克，川味卤水 1 锅（最少 5000 克，做法见第 32 页）

调味料：
川盐 2 克，味精 10 克，白糖 25 克，陈醋 20 克，酱油 2 克，料酒 10 克，香油 10 克，鲜高汤 250 克（做法见第 25 页），色拉油 50 克

做法：

❶ 卤水烧开并确定盐味可以后，把肘子放在锅中小火慢慢煨约 2 小时，煨至肘子炽而不烂出锅装盘。

❷ 将炒锅置于火炉上，入色拉油 50 克，中火烧至四成热，下泡辣椒末、郫县豆瓣、姜末、蒜末炒香。

❸ 炒至色泽红亮时掺鲜高汤烧沸，用川盐、味精、白糖、陈醋、酱油、料酒、香油调味。最后下水淀粉收汁，出锅淋在肘子上，撒上香葱花成菜。

【美味秘诀】

❶ 肘子选用外观匀称、皮多、无残毛的，一个约 900 克重的最为适宜，口感佳，成菜美观。

❷ 肘子的前期煨卤加工一定要达到肉与骨可以完全分离，但仍需保持肘子的原形，成菜才能兼顾滋味口感和美观。

❸ 鱼香味型的菜肴制作须熟悉、掌握基本的调制比例和操作流程，才能根据不同的主食材灵活调整。

菜品变化：
家常肘子、海带丝炖肘子、冰糖蒸肘子等。

酸汤肘子

红绿相间，肉质炽糯，酸香开胃

味型：酸辣味
烹调技法：炸、蒸

酸汤肘子是在鱼香肘子的基础上改良而成的新派风味，此种做法先上色再油炸脱脂排腻，然后结合现代新派的酸辣味调和。吃时酸辣味更鲜明，更加开胃爽口、肥而不腻。传统的川西平原坝子，在红白喜事的宴席上都必须有整只的食材菜肴出现在席桌上，如樟茶鸭子、清炖全鸡、豆瓣全鱼、鱼香肘子等，其中肘子菜咸烧白、甜烧白和粉蒸肉，通常要这四个菜上齐了才称得上是完整的宴席。

原料：
燎烧去毛治净猪肘子 1 个（约重 900 克，做法见第 117 页），柳叶饺子 8 个，红曲米 30 克，红小米辣椒 25 克，青美人辣椒 50 克，姜 15 克，葱 20 克，香菜末 30 克，香葱花 30 克，蒜末 20 克

调味料：
川盐 2 克，味精 5 克，料酒 15 克，香油 15 克，野山椒酸汤 250 克（做法见第 115 页），色拉油适量

做法：
❶ 将炒锅置于火炉上，加水至六分满下红曲米烧沸，下入肘子，煮至肘子表皮呈红色时出锅沥干水气。

❷ 炒锅洗净置于火炉上，加入色拉油至六分满，大火烧至六成热，下入肘子油炸，待肘子由红色变成金黄色时出锅沥油。

❸ 将炸制上色后的肘子盖上姜、葱，取川盐、味精和料酒在碗中搅匀淋上以调底味，接着上蒸笼蒸 90 分钟取出入盘。

❹ 将红小米辣椒、青美人椒切成末。柳叶饺子煮熟后围在肘子周围。

❺ 将野山椒酸汤煮沸后加入红小米辣椒末、青美人辣椒末、蒜末、香菜末、香葱花，搅匀后出锅淋在肘子上即可。

【美味秘诀】
❶ 此菜品可以依喜好选用红曲米或糖色上色。红曲米上色后存放时间长且不易变色。若用糖色上色，隔夜后肘子表皮就开始发黑。两种做法的风味几乎没有区别。

❷ 除了事先将酸汤熬好，也可以烹调时依需求量现制。

菜品变化：
焦皮肘子、三鲜肘子、东坡肘子等。

锅巴肉片

香气扑鼻，入口酥脆而酸甜

味型：大荔枝味
烹调技法：煮、炸、淋

原料：

大米锅巴 150 克，猪里脊肉 100 克，木耳 30 克，玉兰片 15 克，莴笋片 15 克，泡辣椒段 8 段，姜片 5 克，蒜片 5 克，大葱 15 克，水淀粉 75 克

调味料：

川盐 3 克，味精 10 克，白糖 35 克，陈醋 30 克，酱油 4 克，料酒 10 克，胡椒粉 1 克，香油 15 克，鲜高汤 400 克（做法见第 25 页），色拉油适量

做法：

❶ 将里脊肉去除筋膜，切成约 0.3 厘米厚、2.5 厘米宽、3.5 厘米长的片；用川盐 1 克、酱油 2 克、料酒、胡椒粉码拌入味。

❷ 木耳涨发后撕成小块；大葱切成 2 厘米长的菱形段。

❸ 将炒锅置于火炉上，入色拉油烧至四成热，下肉片入锅滑散后沥去余油，放入姜片、蒜片、泡辣椒段、大葱段炒香。

❹ 掺入鲜高汤，中大火烧沸，下木耳、玉兰片、莴笋片烧至熟透断生。

❺ 用川盐 2 克、味精、白糖、陈醋、酱油 2 克、香油调味，再用水淀粉收汁出锅盛入汤碗中。

❻ 另取净锅倒入色拉油至七分满，上大火烧至六成热，将锅巴放入油锅内，炸至锅巴色泽黄亮酥脆时，捞出锅巴装入大圆深盘内。

❼ 尽快上桌，将步骤 5 的热烫汤汁淋在刚炸好的酥脆锅巴上面即可食用。

【美味秘诀】

❶ 肉片不宜切得太大，会影响成菜的美观。

❷ 荔枝味汁按比例烹制调味后，如下的水淀粉少，味汁稀了锅巴不入味；淀粉下的过重汤汁过稠成菜黏稠而不清爽。

❸ 锅巴一定要炸得金黄、炸得酥脆，但不能炸煳、炸焦。炸锅巴的油温控制在六成热，油温低锅巴炸起来不酥，油温过高容易炸煳。

菜品变化：

三鲜锅巴、锅巴鱿鱼、锅巴牛肉等。

锅巴是一种传统的干制品食材，有制作成本低、运输、储存方便等特点，成菜酥脆而干香。锅巴据说是早期煮饭后的副产品，早期米饭都是用大炒锅、用柴火煮出来的，因最后焖煮阶段不能掀盖翻动，造成饭煮好后锅底有一层焦硬的锅巴，为了不浪费就将其铲起晒干当做食材。现今有饭锅煮饭，基本上不会有锅巴，所以现在市售的锅巴都是用大米烘焙而成的。锅巴的烹调多是用油炸，炸锅巴时要特别注意掌握油温，油温低了，锅巴炸不泡（酥），吃时口感差，油温过高，容易将锅巴炸得焦黑，影响成菜的风味、色泽。

水果锅巴

色泽金黄，入口酥脆香甜

味型： 水果甜香味
烹调技法： 炸、淋

传统锅巴呈灰白色，炸好后色泽金黄膨酥，在餐饮市场极速扩张下，单一种锅巴已不能满足需求，于是积极开发新食材，水晶锅巴应运而生，多是用泰国香米烘焙精制而成的。水晶锅巴呈半透明状，炸好后色泽洁白、入口更酥脆化渣、膨胀大，米香味相对明显而油炸味较低，还能趁热卷成卷或其他造型。在烹调上十分适合与风味清鲜的食材相搭配，不会因油炸味而让清鲜味变腻，这里结合甜酸味的水果丁味汁，就是绝佳组合。

原料：

水晶锅巴 75 克，西瓜 100 克，猕猴桃 50 克，柳橙丁 50 克，苹果 50 克，水 300 克

调味料：

浓缩柳橙汁 100 克，白糖 100 克，大红浙醋 80 克，水淀粉 75 克，色拉油适量

做法：

❶ 将西瓜、猕猴桃、柳橙丁、苹果去皮后分别切成 1 厘米的方丁。

❷ 将炒锅置于火炉上，加入水 300 克，用中火烧沸，下浓缩橙汁、白糖、大红浙醋调味，再用水淀粉收汁，转小火后下西瓜、猕猴桃、柳橙丁、苹果丁推匀成味汁出锅，盛入汤碗内。

❸ 将炒锅洗净，置于火炉上，加入色拉油到五分满，以大火烧至四成热，将锅巴一片一片放入锅中，转中小火炸至金黄酥脆，捞出后趁热卷成卷，放入盘中堆放整齐。

❹ 将步骤 2 的味汁淋在锅巴上即可食用。

【美味秘诀】

❶ 各种水果丁的刀工处理要大小均匀才美观。也可以用其他水果来代替。

❷ 锅巴汁的浓稠度要适中，汁水太稀锅巴不入味，汁水过稠，食用时口感不佳。

❸ 炸水晶锅巴的油温不能过高，在四成热时比较合适，保持这样的油温，炸出来的锅巴色泽雪白，容易打卷且锅巴酥脆爽口。油温过高容易将锅巴炸黄而硬脆，这样锅巴就卷不起卷。油温也不能低于三成热，否则不香而且腻口。

❹ 水晶锅巴与传统锅巴不一样。传统锅巴需要直接炸得酥脆、黄亮；而水晶锅巴是用低油温慢慢泡炸，出锅冷却以后才开始酥脆，因此炸好后的存放时间长，若是大量出菜还可以把凉的锅巴浇热的汤汁，做成热菜食用。

菜品变化：

牛肉粒锅巴盏、泡豇豆锅巴、锅巴炒脆骨等。

麻婆豆腐

麻、辣、烫、酥、嫩、滑、活，细嫩爽口

味型：家常麻辣味

烹调技法：烧

　　"麻婆豆腐"乃川味名菜，源自清朝时期成都北门外一家小馆子，原本只是一道下饭的家常麻辣豆腐，但这陈胜兴饭馆却将家常菜品做活了，也火了，成菜是"麻、辣、烫、酥、嫩、滑、活"，让人回味不已，因掌勺的是被老客人昵称麻婆的老板娘，这道菜也就冠上了这小名。很多外地人都说：到四川没吃麻婆豆腐等于没到过四川。可见麻婆豆腐在食客心目中的地位之崇高。麻婆豆腐对成都人来说是人人会做的家常菜，但最关键的特点"酥、嫩、滑、活"就不是人人都可以做到的，特别是"活"，指的是青蒜在成菜后如新苗一样鲜活却不夹生，香气袭人，这需要选料精、火候足、功夫够，缺一不可。

原料：

石膏豆腐（嫩豆腐）500克，牛肉末100克，青蒜20克，郫县豆瓣50克，永川豆豉15克，辣椒粉20克，花椒粉10克，水淀粉75克，姜末25克，蒜末25克

调味料：

川盐3克，味精10克，料酒10克，胡椒粉1克，酱油10克，香油10克，鲜高汤100克（做法见第25页），色拉油50克

做法：

❶ 将豆腐切成1.5厘米大的丁状，下入加有1克川盐的沸水锅中煮熟。青蒜切成2厘米长的段；豆豉剁碎。

❷ 将炒锅置于火炉上，加入色拉油，中火烧至四成热，下牛肉末入锅煵炒至干香而酥，接着放郫县豆瓣、姜末、蒜末、豆豉碎炒香，再下辣椒粉炒至出色后掺入鲜高汤。

❸ 下氽过盐水的豆腐入锅，转中小火烧约2分钟，用川盐2克、味精、料酒、胡椒粉、酱油、香油调味。

❹ 见锅中的汤汁快干时，用一半水淀粉入锅中收汁。

❺ 接着放入青蒜段推匀后，再用另一半水淀粉第二次收汁，烧至汁浓亮油时出锅装碗，撒上花椒粉成菜。

【美味秘诀】

❶ 豆腐最好选用石膏豆腐，味道滑嫩口感细腻。豆腐刀工处理要大小均匀，这是保持成菜美观的关键。豆腐最好用加盐的开水煮透去除石膏味，且加盐烫煮后豆腐会更加细嫩。

❷ 煵炒牛肉时，勺子要不停地铲动，以免牛肉粘锅影响成菜口味和色泽。

❸ 烧豆腐时的鲜高汤不宜加得过多，以刚淹过豆腐为宜。

❹ 烧豆腐的火力不宜过大，汤汁太过沸腾会让豆腐丁破碎。

❺ 用水淀粉收汁时最好分两次，这样可以更准确地控制收汁效果，也可让豆腐成菜后更加滑嫩。

菜品变化：

红烧豆腐、三鲜豆腐、石锅嫩豆腐等。

糟醉豆腐

糟香味浓厚，香甜细嫩爽口

味型：糟香味
烹调技法：炸、淋

原料：
日本豆腐（蛋豆腐）5根，醪糟150克，淀粉500克

调味料：
浓缩橙汁150克，白糖200克，大红浙醋50克，水150克，水淀粉75克，色拉油适量

做法：

❶ 日本豆腐1根切成4段，每段2厘米。

❷ 将炒锅置于火炉上，加水150克，中大火烧沸后转小火，下入醪糟、浓缩橙汁、白糖熬化，用大红浙醋调味，再用水淀粉收汁即成糟香橙汁。

❸ 炒锅洗净置于火炉上，加入色拉油约六分满，大火烧至六成热，将日本豆腐段拍上一层干淀粉后，随即下入油锅炸至外皮金黄酥脆并熟透后出锅沥油、装盘。

❹ 将步骤2烹煮好的糟香橙汁淋在炸好的豆腐上，即可享用。

【美味秘诀】

❶ 豆腐的刀工处理保持大小均匀，是保持成菜美观的关键。

❷ 拍上干淀粉后不宜摆放过长时间，在1分钟以内下锅油炸为宜，时间久了豆腐的水分会渗透出来将淀粉润湿，影响成菜后的口感和美观。

❸ 炸豆腐时油温宜高不宜低，最少在六成热以上，低油温炸的豆腐容易掉壳且炸后豆腐外皮不够硬脆，豆腐容易破碎不成形。

❹ 糟香橙汁最好先勾兑好，再炸豆腐，因豆腐水分多，炸好后内部水分会使外皮绵软，成菜口感就不酥脆了。因此豆腐炸好后就立即装盘浇汁成菜并食用，才能确保成菜外酥内嫩的口感。

菜品变化：
三鲜日本豆腐、虾仁豆腐煲、鱼香日本豆腐等。

"醪糟"又名酒酿、甜酒。有去腥、解腻、增甜之功效。在川菜中常用于带甜香味的菜品、甜品，因酒酿的酒精成分会让甜香气变得明显而有层次，其次是酒酿中的酒米是中空的，会保留微量甜酒的酒精，不会在烹煮过程中挥发掉，因酒精具挥发性，入口后蹦出的酒味可为菜品带来微醺的迷人味道。因此糟醉的菜品对酒酿质量的要求相对较高，这关系到最后风味的完美度。此菜品以酒酿结合橙汁的鲜甜味，色泽黄亮，口感细嫩滑爽，甜香诱人，是一道老少皆宜的美味菜品。

家常豆腐

色泽红亮，家常味浓郁

味型：家常味
烹调技法：炸、炒

"豆腐"是用黄豆磨成浆加热烧沸后，用石膏水或泔水制成的食材，在四川地区的餐饮行业中俗称泔水豆腐为老豆腐，石膏豆腐为嫩豆腐。另依压制、去水的方式与时间的不同，豆腐就成了不同口感的豆干，可以炸、烧、拌、蒸、炖等技法成菜。相传豆腐的发明是汉代淮南王刘安发明的，营养丰富，简便、便宜易食用。常食豆腐有助于消化，加上含有大量植物性蛋白，常被称为植物肉，可说是最好的蛋白质来源。

原料：
泔水老豆腐（板豆腐）300 克，去皮猪后腿肉 50 克，青蒜 15 克，郫县豆瓣 35 克，姜片、蒜片各 5 克，淀粉 20 克，水淀粉 50 克

调味料：
川盐 2 克，味精 10 克，胡椒粉 1 克，料酒 10 克，酱油 5 克，香油 10 克，鲜高汤 300 克，色拉油适量

做法：

❶ 将豆腐切成长 5 厘米、宽 4 厘米、厚 0.4 厘米的片。青蒜切成 2 厘米长的段。。

❷ 猪肉切成 0.3 厘米厚的片，用川盐 1 克、料酒 5 克、酱油 3 克、淀粉码拌上浆使其入味。

❸ 将炒锅置于火炉上，加入色拉油至六分满，大火烧至五成热时，将切成片的豆腐放入油锅中炸，待豆腐两面黄亮、水气快干时出锅沥油。

❹ 另取净炒锅置于火炉上，加入色拉油 35 克，中火烧至四成热时，下猪肉片入锅滑散，放入郫县豆瓣、姜片、蒜片炒香。掺鲜高汤烧沸，下炸好的豆腐小火烧约 2 分钟。

❺ 用川盐 1 克、味精、胡椒粉、料酒 5 克、酱油 2 克、香油、青蒜入锅调味。最后用水淀粉勾芡收汁，即可出锅成菜。

【美味秘诀】

❶ 购买豆腐时应选无蜂窝眼、质地紧密、无破烂的老豆腐，适合翻炒，成菜口感较协调。

❷ 豆腐的刀工处理大小均匀、厚薄一致，成菜后方能入味一致且美观。

❸ 炸豆腐的油要用没有使用过的新油，油温要控制在五成热以上，大火油炸，成菜色泽才够黄亮。

❹ 烧豆腐的汤汁不宜太多，以刚好淹过豆腐为宜。太多的话，烧的时间长豆腐易碎，且浪费时间和能源。汤汁少的话，烧的时间不足，不够入味且入味不均。

菜品变化：
鲍汁老豆腐、熊掌豆腐、酸菜烧豆腐等。

一掌定乾坤

造型逼真，入口细嫩，咸鲜味美

....

味型：蚝油咸鲜味

烹调技法：蒸、炸、煨、淋

此菜先将豆腐片煎得外皮酥香再红烧，以其口感和滋味可比熊掌的寓意之启发、改良而成。因为熊在人们的印象中是威猛与尊贵，加上数量稀少，于是以熊掌烹制的佳肴也就成了地位与尊贵的象征，现在熊已是濒临绝种的野生保护动物不能捕杀食用。

这份稀有现在通过做工精细的烹调工艺来呈现，用的是豆腐加鸡脯肉绞碎，打成蓉状，再用模具制成"熊掌"的形状，调以精致鲜美的味型，成菜大器而显富贵。这道菜就名"一掌定乾坤"。

原料：

石膏豆腐（嫩豆腐）500 克，鸡脯肉 200 克，大个的长白萝卜 1 个，姜片 25 克，葱段 25 克，鸡蛋 2 个，香菇 20 克，芥蓝 75 克，淀粉 75 克，水淀粉 50 克

馅料：

猪肉末 75 克，碎米芽菜 30 克，香葱花 10 克，姜末 10 克

调味料：

川盐 5 克，味精 10 克，料酒 10 克，蚝油 35 克，酱油 10 克，白糖 10 克，香油 10 克，鲜高汤 1500 克（做法见第 25 页），色拉油适量

做法：

❶ 将石膏豆腐去掉边角老皮后，放入食物调理机内和鸡脯肉一起绞碎成蓉状。

❷ 加入鸡蛋清、淀粉、川盐 2 克、味精 3 克调味后再搅匀即成豆腐糁。

❸ 将猪肉末、碎米芽菜、香葱花、姜末放入炒锅中，以中火炒香后放冷却，即成馅料。

❹ 用大个的白萝卜刻制成熊掌的模具，铺上保鲜膜。用香菇修成熊掌的趾甲形状放入模具内，将豆腐糁倒入模具内约 1/2 满时，上蒸笼大火蒸约 3 分钟取出。

❺ 蒸过的半成品熊掌填入步骤 3 的馅料，再倒入剩余的豆腐糁，上蒸笼大火蒸约 15 分钟取出冷却后，将模具中凝固定型的"熊掌"取出。

❻ 炒锅置于火炉上，加入色拉油到七分满，大火烧至六成热，将蒸制成熊掌状的豆腐块下入油锅，炸至外皮黄亮、干香出锅沥油。

❼ 另取净炒锅置于火炉上，倒入鲜高汤 1350 克以中火烧沸，再下姜片、葱段，川盐 2 克，味精 3 克，料酒、酱油 6 克、炸好的豆腐，转小火慢慢煨至豆腐软嫩、入味后出锅装盘。

⑧ 将芥蓝入另一沸水锅中汆水后出锅，围在已装盘的熊掌周边。

⑨ 再取净炒锅置于火炉上，加入色拉油，中火烧至四成热，下蚝油炒香后掺鲜高汤150克烧沸，用川盐1克、味精4克、白糖、酱油4克、香油调味后，用水淀粉勾芡收汁出锅淋在煨好的熊掌豆腐上即成菜。

【美味秘诀】

❶ 豆腐一定要先去除边角的老皮，鸡脯肉同样要去除鸡皮和筋膜，否则成菜后嫩度较差且口感粗糙。

❷ 豆腐糁不宜调制的过稀，否则不好成形、易碎；若调制的过干，成菜偏老，失去该有的细嫩特色。

❸ 馅料一定要炒香再放至冷却，否则成菜容易碎散，且造成豆腐糁包不住馅料，影响成菜美观。

❹ 豆腐要炸得金黄、干香，要诀是先用六成热的高油温炸至上色，再用四成热的油温浸炸，使水气散尽，才能炸透又干香。

❺ 炸好的豆腐一定要用调味后的鲜高汤小火慢慢煨至㶶软。成菜口感才比较细嫩滑爽。注意出锅装盘及上菜时要轻拿轻放，豆腐煨㶶后容易碎。

菜品变化：
酱油烧老豆腐、口袋豆腐煲、巧手老豆腐等。

热菜
53.

萝卜连锅汤

汤菜合一，咸鲜味美

....

味型：咸鲜味
烹调技法：煮

原料：
二刀坐臀肉 100 克，白萝卜 300 克，姜片 15 克，葱段 15 克

调味料：
川盐 2 克，味精 10 克，香辣味碟 1 份，鲜辣味碟 1 份（做法见第 19 页，用鲜辣味碟一）

做法：

❶ 将二刀坐臀肉洗净，入加有水、姜片、葱段的锅中，水要能淹过肉，先大火烧开，转小火煮至熟透出锅冷却，切成厚 0.3 厘米的片。煮猪肉的汤留用。

❷ 白萝卜去皮后切成长 6 厘米、宽 4 厘米、厚 0.3 厘米的片。将白萝卜片下入煮猪肉的汤锅中煮约 5 分钟。

❸ 川盐、味精入汤调味，再下切好的肉片同煮约 2 分钟，整锅起锅成菜，搭配香辣、鲜辣味碟上桌食用。

　　"连锅汤"是四川地区相当常见的家常菜，源自早期农忙时做菜时间短，又要有汤有菜，索性煮汤时将要煮的菜品食材全部一并煮起，调味后整锅连汤带菜一起上桌，这样既可以喝汤又有菜吃，汤菜合一，"连锅汤"的菜名就是呈菜形式的具体化。后经厨师引入餐馆，越做越精，逐渐形成一道独立的菜品，丰俭由人，价格经济实惠。且汤锅中的料吃完后还可当做火锅烫涮食材。成都人多喜欢在冬天食用，比较清淡暖胃且热气腾腾久吃不凉。

【美味秘诀】

❶ 选肥瘦相连、不脱层的二刀坐臀肉，成菜后风味滋糯鲜香、细嫩爽口。煮熟后肉片要切的厚薄均匀，才能兼顾口感与美观。

❷ 此菜属于家常的方便菜肴，因此工序要求相对宽松，所以实际烹调时，也可以在二刀坐臀肉将熟时，就下入白萝卜片一起煮。

❸ 煮好后的连锅汤一般以清淡咸鲜的风味为主，四川地区习惯搭配味碟食用，以适应不同口味偏好的人们。喜欢清淡的可以单独食用，喜欢浓厚刺激的就蘸上味碟酱汁后食用。

菜品变化：
排骨连锅汤、冬瓜连锅汤、酥肉连锅汤等。

鲍香萝卜骨

色泽黄亮，炠软爽口

味型：咸鲜鲍汁味
烹调技法：烧

原料：
排骨 300 克，白萝卜 300 克，水淀粉 50 克

调味料：
川盐 3 克，味精 10 克，鲍鱼汁 150 克，叉烧酱 25 克，排骨酱 20 克，白糖 5 克，老抽 20 克，香油 10 克，鲜高汤 1000 克（做法见第 25 页）

做法：

❶ 将大白萝卜去皮后切成 5 厘米长的大滚刀块。

❷ 排骨斩成 4 厘米长的段，入开水锅中余水后出锅。

❸ 将炒锅置于火炉上，倒入鲜高汤以大火烧沸，放入排骨段煮透，再下入白萝卜块。

❹ 接着下鲍鱼汁、叉烧酱、排骨酱，再下川盐 2 克、味精 6 克调味。转小火慢慢煨至排骨的肉可离骨、萝卜炠软入味后捞起，出锅装盘。

❺ 取煨煮萝卜、排骨的原汤 300 克入干净炒锅。小火烧沸用川盐 1 克、味精 4 克、白糖、老抽、香油调味，用水淀粉勾芡收汁后淋在萝卜与排骨上成菜。

【美味秘诀】

❶ 先煮至排骨熟透再和萝卜一起小火煨，两者的炠软程度才会一致。且大火容易将汤烧干，使排骨、萝卜无法炠软熟透。

❷ 萝卜的刀工处理应大小均匀，这是保持成菜美观的关键。

❸ 前期煨煮时就要将鲍鱼汁、叉烧酱、排骨酱放入其中，使排骨、萝卜有足够时间上色入味。

❹ 为确保成菜口感的质地，一定要将萝卜和排骨烧炠才能彰显其精致之处。

菜品变化：
土豆烧排骨、芋儿烧排骨、萝卜炖排骨等。

此菜是在红烧排骨和连锅汤的基础上总结改良而成的。传统的红烧排骨只用酱油红烧，未加入其他辅料平衡浓厚感，容易出现油多、油红，感觉腻闷。这里做法改用鲍鱼汁、叉烧酱、排骨酱混合调配，再加入大量萝卜一同烧制，利用萝卜的清香味与能吸附脂味的特点改善腻闷的缺点。成菜后萝卜黄亮、排骨炠软适口，鲍汁香味浓郁而厚重，咸鲜味美。

沸腾刨花羊肉

肉质细嫩，麻辣味浓

味型：麻辣味
烹调技法：煮

"刨花"原本指木工作业时，以刨刀刨下的木片卷曲如花，在厨界借用此名词形容原料刀工处理的厚度非常薄而均匀，且经过烹煮后食材会自然卷曲成刨花状的工艺。同时借鉴名菜"沸腾鱼"的烹调手法，成菜麻辣味浓厚，羊肉细嫩爽口。

沸腾鱼这道菜源自重庆的水煮鱼，但今日所为人熟知的成菜风味却是在北京定型并红火起来的，红火后再从省外红回四川，也因此许多人到了四川点沸腾鱼来吃都会不习惯"四川风味"，因此就出现了一个有趣的现象，就是在四川地区的菜单中，本来就是川菜的沸腾鱼（水煮鱼）都要加"川式"两个字以区别省外的风味。

原料：
羊腿肉 300 克，黄豆芽 150 克，干辣椒段 100 克，干花椒 25 克，香葱花 10 克，香菜段 25 克，白芝麻 2 克，淀粉 10 克

调味料：
川盐 5 克，味精 15 克，料酒 10 克，香油 25 克，麻辣沸腾油 750 克（做法见第 117 页）

做法：

❶ 羊腿肉切成约 0.1 厘米厚的大薄片，用川盐 2 克、料酒、淀粉码拌上浆使其入味。

❷ 将黄豆芽去根、须，处理干净后放入深盘中垫底。

❸ 将炒锅置于火炉上，入水约 2000 克，大火烧沸，用川盐 2 克、味精 10 克调味。下码拌入味后的羊肉片至断生，出锅沥水，放在黄豆芽上，再调入川盐 1 克、味精 5 克、香葱花。

❹ 将炒锅置于火炉上，入麻辣沸腾油、香油，中火烧至四成热时，下干辣椒段、干花椒炒香出锅，浇在羊肉上，点缀白芝麻、香菜段即成。

【美味秘诀】

❶ 羊肉需先剔去骨取净肉，压得平整后入冷冻室中冷冻到硬挺，然后再切片，这样更容易将羊肉切得薄，成菜口感会更细嫩。但不能冷冻到硬得切不下去，成菜效果反而变差。

❷ 豆芽最好是生的垫底，成菜口感会比较脆；煮熟后的豆芽肉质会比较㶽软而不爽口。

❸ 羊肉入锅氽水的时间不宜太长，否则成菜口感绵韧、不细嫩。

❹ 氽煮羊肉的水一定要调味，而且咸味要稍微偏重，否则成菜容易咸味不足，咸味不足会使麻辣的香味感不够浓厚。

❺ 炒干辣椒、花椒的油温不能太高，火力不宜太大，否则成菜会有煳焦味并影响成菜的色泽。

菜品变化：
沸腾鱼、沸腾肥牛肉、香辣羊肉等。

脆笋带皮羊肉

色泽红亮、香脆，滋糯爽口

味型：家常味
烹调技法：烧

这道脆笋带皮羊肉是以川式红烧牛肉的做法烹制成菜，选用杭州天目山所产的笋干作为配料，成菜后口感对比丰富，不似红烧牛肉口感单一。天目山笋干是选用肉质厚实、脆嫩的石笋干制而成，清脆带香、味道鲜甜。因此竹笋入口脆香，与羊肉滋糯香滑是脆、滑的对比，竹笋纤维的粗与羊腩肉的细嫩又是一种对比，被红汤汤汁完美结合在一起。

原料：
带皮羊腩肉 300 克，天目山脆竹笋 200 克，香菜 10 克

调味料：
红汤汤汁 2000 克（做法见第 116 页，红汤汤汁一），色拉油适量

做法：

❶ 将天目山脆竹笋用约 45℃的温水完全涨发好，切成 2.5 厘米长的段。

❷ 将带皮羊肉切成 2.5 厘米大小的块状，入沸水锅中煮透出锅沥水。

❸ 炒锅上火，倒入色拉油后以中火烧到四成热，将余过的带皮羊肉入锅中爆炒至水气将干时，连同脆竹笋、红汤汤汁一起倒入高压锅内。

❹ 用中火压煮 20 分钟，离火再焖约 10 分钟。

❺ 将高压锅盖打开，舀出烧好的羊肉装盘，配上香菜即成。

【美味秘诀】

❶ 干脆笋需要提前用温水涨发，再确认老嫩是否合适。使用时必须完全涨发透，否则成菜口感不脆。

❷ 理净脆笋时，需将根部比较老的部分用刀切除不用，否则成菜的口感老嫩混杂，感觉粗糙。

❸ 烧羊肉的红汤尽量使用无渣汤汁，成菜清爽，食用更方便。

❹ 没有高压锅时，烧羊肉可以用小火慢慢烧至炽，再和脆竹笋一同烧。这样烹调时间比较长，但羊肉会更加入味香糯、浓郁有层次。

菜品变化：
土豆红烧牛肉、黑竹笋烧鸡、泡豇豆烧牛肉等。

葱香牛肉

色泽碧绿，入口细嫩，葱香浓郁

味型： 葱香咸鲜孜然味
烹调技法： 滑炸

四川地区特别喜爱细香葱的清香味和精致的形态，与一般的葱比起来辛味较低，但香气不分上下，今日西餐常用的虾夷葱（chives）其实就是源自中国的细香葱。"葱香牛肉"是一道以葱香味取胜的美味，成菜一眼看去被绿油油的满园春色所包覆着。拨开嫩绿的香葱花，里面就是细嫩滑爽、略带孜然味的牛肉，牛肉在浓浓葱香的烘托下显得醇厚而爽口，充分显现川菜浓郁、爽口、多样、不腻的迷人特质。

原料：
牛里脊 300 克，洋葱 100 克，细香葱花 200 克，甘薯粉 200 克，鸡蛋 1 个

调味料：
川盐 2 克，味精 10 克，白糖 3 克，料酒 10 克，香油 15 克，孜然粉 20 克，色拉油适量

做法：

❶ 将牛里脊去除筋、油膜切成长 4 厘米、宽 2.5 厘米、厚 0.3 厘米的片。用流动的水冲净血水。

❷ 将牛肉的血水挤干，用鸡蛋、甘薯粉、川盐、味精、白糖、料酒、香油、孜然粉码拌均匀。

❸ 将洋葱切成宽 0.3 厘米的丝状，入锅，用少许油炒熟垫于盘底。

❹ 将炒锅洗净置于火炉上，加入色拉油至六分满，大火烧至四成热时，将牛肉入锅滑散至熟，出锅沥油后盖在洋葱上。

❺ 再取净锅，倒入色拉油 50 克用中火烧，同时将细香葱花全部盖在牛肉上，当油烧至六成热时，出锅浇在香葱上，激出香气即成。

【美味秘诀】

❶ 牛肉的刀工处理大小均匀、厚薄一致是保持成菜美观和良好食用口感的关键。

❷ 牛肉切好后必须冲净血水，否则成菜色泽发黑，影响成菜的美观。

❸ 牛肉上浆时一定要让鸡蛋液、甘薯淀粉、孜然粉均匀码拌在牛肉上，成菜才会细嫩，滋味浓厚。

❹ 牛肉在滑油时，油温在三至四成热时最佳，油温过高时牛肉易老，过低时容易脱浆走样。

❺ 最后浇油时油温应高至六成热，方能激出葱香味。热油的用量宜少，多了会让人感觉油腻。

菜品变化：
葱末肝片、葱香鱼、葱香鸡等。

风味烤羊腿

色泽红亮，入口酥香，孜然味浓厚

味型：孜然麻辣味
烹调技法：蒸、炸、炒

原料：

前羊腿 1 个（约 800 克）

A 料：洋葱 500 克、姜片 50 克，小米辣椒段 50 克，大葱段 50 克，孜然粉 50 克，干辣椒粉 50 克

B 料：糯米粉 50 克，淀粉 25 克

C 料：香酥辣椒碎 75 克，孜然粉 20 克，花椒粉 3 克，洋葱粒 25 克，青辣椒粒 15 克，红辣椒粒 15 克，香葱花 15 克

调味料：

川盐 15 克，味精 10 克，白糖 2 克，料酒 20 克，香油 20 克，色拉油适量

做法：

❶ 将羊腿放入盆中，加入 **A 料**、川盐 12 克、味精 6 克、料酒码拌后静置约 6 小时使其入味。

❷ 码拌入味后的羊腿连同料渣上蒸笼，以大火蒸 40 分钟至炽，取出冷却。

❸ 把 **B 料**混合均匀成混和粉，将冷却的羊腿去净料渣后拍上混和粉。

❹ 炒锅置于火炉上，加入色拉油到七分满，大火烧至六成热时，将拍上粉的羊腿入油锅中炸香至酥脆，出锅沥油，随即改刀成条状摆盘。

❺ 取净炒锅置于火炉上，入色拉油 50 克，大火烧至四成热，下 **C 料**炒香后用川盐 3 克、味精 4 克、白糖、香油调味，出锅浇在羊腿上即可成菜。

【美味秘诀】

❶ 羊腿在码拌入味时要用细竹扦在肉上均匀地扎上小洞，方便羊腿入味。码拌入味的时间最少在 6 小时以上，时间短了羊腿入不了味。

❷ 上蒸笼蒸时，羊腿最好连同码拌的料渣一起上蒸笼，这样成菜的口味才会突出而浓厚。

❸ 蒸羊腿肉的时间、火力需要掌握好，必须将羊肉蒸炽至肉可离骨，成菜口感才会细嫩又方便分食。

❹ 在这里使用糯米粉主要是增加羊肉表面的脆、酥口感，以突出羊肉的炽嫩。

菜品变化：

牙签烤肉、洋葱炒肉、风味羊排等。

烤羊腿是北方少数民族的经典佳肴，也是饮食习惯之一，传统做法是整只羊大腿以炭火烤制而成，孜然味浓，豪迈大气。当此菜移植到西南方四川地区的酒店后，传统形式就显得太粗犷，成菜也太大；且生起炭火有安全顾虑，在保有原风味的前提下改烤为炸。为适应川人口味，结合川味麻辣的特点调入适量的花椒粉，成菜后干香麻辣，孜然风味浓郁，依旧保有北方烧烤的特点。

浓汤狮子头

色泽金黄，入口咸鲜味美

味型：咸鲜味

烹调技法：炸、烧、淋

在中华民族的传统中，狮子象征威力，同时也是可以带来吉祥、招财进宝的守护神。因为有这一文化传统，所以将肉末制成很大而外形似有丰厚鬃毛的雄狮头的肉丸子称之为狮子头，以取其吉祥之意。在川西平原的坝子上，每年的节庆宴席上，基本上都有狮子头这道菜，喻意来年吉祥平安。看似单一的肉丸子，在风味与口感上却有嫩、脆、软的丰富变化，其次必须入口细嫩化渣又不至酥烂，咸鲜味美的滋味更要直入肉丸深层。

原料：

五花肉末 600 克，马蹄 100 克，南瓜 150 克，姜片 25 克，葱段 25 克，小油菜 75 克，淀粉 25 克，水淀粉 75 克，鸡蛋 1 个，鲜高汤 1500 克（做法见第 25 页），高级浓汤 300 克（做法见第 25 页）

调味料：

川盐 3 克，味精 10 克，料酒 10 克，白糖 3 克，香油 10 克，色拉油 50 克

做法：

❶ 南瓜去皮切成 2.5 厘米的方丁 3 个，剩余的南瓜切块上蒸笼大火蒸至炳烂，再用食物调理机打成泥状。

❷ 马蹄切成 0.3 厘米的方丁；小油菜修切整齐洗干净。

❸ 将五花肉末、马蹄丁、鸡蛋放入盆中，搅打上劲。加入川盐 1 克、料酒、味精 3 克、淀粉调味上浆搅匀成肉糜。

❹ 将肉糜均分成三份，整成如鹅蛋大的肉丸，逐一包入生的南瓜丁，整好形。

❺ 炒锅置于火炉上，入色拉油至七分满，大火将油烧热至六成热时转小火，将狮子头生胚轻轻放入锅中，炸至熟透定型，出锅沥油。

❻ 取炸好的狮子头生胚放入装有鲜高汤的锅中，下姜片、葱段、料酒、川盐 1 克、味精 4 克调底味。上蒸笼蒸 90 分钟，将狮子头出锅装入深盘。将小油菜余水断生后围边。

❼ 将洗净的炒锅置于火炉上，倒入高级浓汤，用中火烧沸，下入步骤 1 的南瓜泥调色，用川盐 1 克、味精 3 克、白糖、香油调味，再用水淀粉收汁后，淋在狮子头上成菜。

【美味秘诀】

❶ 加马蹄的目的是增加狮子头成菜后的口感层次，形成嫩、脆、软的变化。

❷ 肉丸包入的南瓜丁必须用生的，这样才能成形。也可以用咸蛋黄替代南瓜块，成菜又是另一番风味。

❸ 在高级浓汤中加南瓜泥的目的主要是调色，成菜后菜肴色泽自然、金黄。

❹ 炸狮子头的油温要先高温上色，之后用低油温浸炸至熟透。

❺ 炸好的狮子头可以上蒸笼蒸，也可以上火慢慢煨炳至软。狮子头的体形大，如没有炳，将会影响成菜的精致感与口感的细腻度。

菜品变化：

红烧狮子头、蟹黄狮子头、清炖狮子头等。

热菜
60.

冬瓜烧丸子

咸鲜味美，酥香可口

味型：咸鲜味
烹调技法：炸、烧

　　"丸子"在四川地区又名圆子或元子，选料方便，操作流程简洁、易学易做，一般而言根据食材不同有猪肉、鸡肉、牛肉等丸子；从烹调技法的不同可以分为香酥油炸型和细嫩滑爽清蒸型。虽然川丸子的选材与烹调技法不同，但成菜后丸子都必须细嫩、鲜香、滑爽，且为凸显鲜香味多以咸鲜味的汤菜为主。如莼菜丸子汤的丸子是将五花肉现剁成末，调味、搅打成肉糜后，挤成丸子直接下入微沸并调好味的鲜高汤中，再下入莼菜煮至丸子熟透即成，咸鲜味美、滑口嫩爽。

原料：

冬瓜 500 克，五花肉末 300 克，姜末 15 克，鸡蛋 1 个，淀粉 50 克

调味料：

川盐 3 克，味精 10 克，白糖 3 克，料酒 10 克，香油 10 克，酱油 5 克，花椒粉 2 克，鲜高汤 600 克（做法见第 25 页），色拉油 50 克

做法：

❶ 将五花肉末调入姜末、鸡蛋、川盐 2 克、白糖、料酒、味精 6 克搅打上劲，再下酱油、淀粉、花椒粉搅匀成肉糜。

❷ 将炒锅置于火炉上，加入色拉油至七分满，大火烧至六成热后转小火，将搅匀的肉糜挤成直径 1.5 厘米大小的肉丸放入油锅中。逐一将肉糜制成丸子，炸熟出锅沥油。

❸ 将冬瓜去皮切成 2.5 厘米见方的丁。

❹ 将炒锅置于火炉上，先入鲜高汤再下炸好的丸子入锅，大火烧开后转小火先烧 30 分钟，放入冬瓜再一同烧 15 分钟至熟。

❺ 以川盐 1 克、味精 4 克、香油调味后即成。

【美味秘诀】

❶ 肉糜必须绞碎、搅匀，炸出来的丸子表皮才光滑，成形美观。肉糜粗糙炸出的丸子表面凹凸不平。

❷ 控制好炸丸子的油温、火力的大小，才能让炸好的肉丸子保持色泽均匀一致。

❸ 烧丸子时一定要将丸子烧好后再放冬瓜一起烧，不然成菜后冬瓜软烂不成形，影响成菜的外观。

菜品变化：

清蒸丸子、红烧丸子、清汤丸子等。

热菜
61.

干烧蹄筋

色泽红亮，入口滋糯鲜香，回味厚重

干烧蹄筋

色泽红亮，入口滋糯鲜香，回味厚重

味型：家常味
烹调技法：干烧

川菜烹调工艺中有许多独门技术，或许名称与其他菜系相同，但若没有仔细研究常会因误解而达不到应有的特殊风味，如"干烧"这一烹调技法就是川菜中的一大特色，若只看字面很多人会误以为干烧就是不加汤汁直接烧成菜。其实只要将两个字前后对调成"烧干"，相信大家就明白此工艺的关键，就是将汤汁烧到干。虽说如此，要烧出美味还是有很多诀窍的，如原料要先炸后烧；以小火慢烧亮油；不能用水淀粉收汁，才能达到成菜色泽红亮、入口干香、家常味浓厚的工艺要求。因为风味的独特性，干烧菜可说是烹饪比赛的常胜将军，如"干烧岩鲤"、"干烧鱼翅"、"干烧大虾"。

原料：
鲜牛蹄筋300克，猪肉末75克，芥蓝200克，郫县豆瓣35克，泡辣椒段50克，大葱段100克，姜片10克，宜宾碎米芽菜50克

调味料：
川盐2克，味精10克，白糖3克，酱油5克，料酒10克，胡椒粉1克，香油10克，鲜高汤2500克（做法见第25页），色拉油50克

做法：
❶ 将鲜牛蹄筋的渣滓处理干净、去膻味后，用鲜高汤2000克小火煨6小时左右至炖软，出锅沥水后放凉。

❷ 把煨炖的牛蹄筋改刀成筷子条状；芥蓝氽水后出锅装盘围边。

❸ 将炒锅置于火炉上，加入色拉油，中火烧至四成热，将猪肉末下入锅中煵炒至干香，下郫县豆瓣、泡辣椒段、大葱段、姜片、宜宾碎米芽菜炒香、亮色。

❹ 接着掺入鲜高汤500克烧沸，下牛蹄筋入锅，转小火烧约20分钟。

❺ 用川盐、味精、白糖、酱油、料酒、胡椒粉、香油调味，继续用小火烧至牛蹄筋上色、入味，汤汁收干后出锅装盘成菜。

【美味秘诀】
❶ 精选无渣滓、无异味的牛蹄筋，煨煮前必须先将牛蹄筋的膻味去净。

❷ 牛蹄筋的质地比较坚硬结实，所以要提前烧至炖软，才能保持成菜的口感软糯，也可缩短烹调时间。

❸ 干烧菜肴的技法特点就是不勾芡汁，自然收汁亮油；注意牛蹄筋炖软后粘锅，所以要小火慢慢煨，煨的过程中要不停地晃锅，以防牛筋粘锅，影响成菜效果。

菜品变化：
干烧鲫鱼、干烧岩鲤、干烧对虾等。

热菜
62.

蒜香蹄筋

蒜香蹄筋

入口干香，蒜香味浓郁，佐酒之佳肴

味型：蒜香味
烹调技法：炸、炒

川菜"博采众家之长，喜滋味好辛香"，所以有"百菜百味"之盛名，就在于川菜厨师们精益求精、同中求异的烹调精神，加上四川人爱吃又懂吃，更将这种精神渗入到每一个人的脑海中，于是一个蒜香味就分出了"红油蒜香、蚝油蒜香、咸鲜味蒜香、香酥型蒜香"等多种形式。大蒜的辛辣味，通过不同的工艺、调味让每一种蒜香味都具有自己的个性，形成"一菜一格"的特点，全部同时品尝也不会有重复感。

原料：
鲜牛筋 300 克，大蒜末 100 克，青辣椒 25 克，红辣椒 25 克，白芝麻 20 克，酥花生米 25 克，香葱花 15 克，淀粉 50 克

调味料：
川盐 2 克，味精 10 克，起士粉 50 克，蒜香粉 20 克，料酒 20 克，胡椒粉 2 克，香油 10 克，鲜高汤 2000 克（做法见第 25 页），色拉油适量

做法：

❶ 将鲜牛蹄筋的渣滓处理干净、去膻味后，下入鲜高汤中用小火煨烧约 6 小时，当牛蹄筋炽软时出锅沥水。

❷ 将炽软牛蹄筋改刀成筷子条，用川盐、味精、料酒、胡椒粉、蒜香粉、起士粉、大蒜末 40 克、淀粉码拌入味。

❸ 起油锅，加入色拉油至三分满，中火烧至五成热，下大蒜末 60 克，炸至干香黄亮时，出锅。青椒、红椒均切成 0.3 厘米长的小粒。

❹ 炒锅洗净置于火炉上，加入色拉油到约六分满，以大火烧至五成热时，将码好味的牛筋入锅炸至干香，出锅沥油。

❺ 将炒锅洗净置于火炉上，入色拉油 25 克，中火烧至四成热，下青椒、红椒炒香，放入牛筋、炸酥大蒜末、白芝麻、酥花生，用川盐、味精、香油调味炒匀，下香葱花翻匀出锅成菜。

【美味秘诀】

❶ 牛蹄筋处理渣滓后，去除膻味的方法为先氽水，再用大蒜末、白酒码拌入味。

❷ 牛筋的胶质较重，需用小火煨至牛筋炽软且煨烧时锅底下需垫竹箅子，以防粘锅。

❸ 牛筋改刀的大小要均匀，码拌入味时上粉不宜过重，否则成菜口感不佳。

❹ 大蒜末一定要炸至干香，成菜后的色泽才黄亮。

❺ 炸牛筋的油温在五成热以上，下锅快速搅散炸至牛筋的外层酥脆、黄亮即可出锅。

菜品变化：
蒜蓉蒸扇贝、蒜泥蒸茄子、蒜炒时蔬等。

山城辣子鸡

色泽红亮，干香而麻辣

味型： 麻辣味
烹调技法： 炸、炒

"重庆"是一座山中有城而城中有山的独特城市，同时整个城市又被长江、嘉陵江两江环绕，形成潮湿闷热的环境，因此重庆人具有直爽、好客的特质，偏爱辛香开胃的菜品，特别是能逼出体内湿气的麻辣火锅，现今麻辣火锅可以说是重庆市最具代表性的美食，同时重庆菜品的麻辣味比成都的重。说到重庆火锅，不管是炎热的三伏天还是冰冷的三九天，重庆人就是喜欢围在麻辣味浓烈的火锅旁挥汗大吃。麻辣火锅吃不够，山城重庆歌乐山镇的一农家院落里又创制出了红火大江南北的辣子鸡，上了席桌继续挥汗吃麻辣，在香喷喷的辣椒里面，寻找那干香而麻辣的鸡肉块，趣味无穷。

原料：

治净仔公鸡1只（约300克），干辣椒段150克，干花椒25克，刀口辣椒20克，姜片5克，蒜片5克，香葱花10克，白芝麻10克

调味料：

川盐3克，味精10克，料酒20克，白糖2克，酱油5克，香油20克，色拉油50克

做法：

❶ 仔公鸡斩成1.5厘米大小的块状。用川盐2克、料酒10克、酱油码拌入味10分钟。

❷ 炒锅倒入色拉油，约七分满，大火烧至五成热时，下码拌入味的鸡块炸至色泽黄亮、干香，出锅沥油。

❸ 将炒锅洗净置于火炉上，入色拉油50克，小火烧至四成热时下姜片、蒜片、干花椒、干辣椒段炒香，再放入炸香的鸡块，小火慢慢将辣椒的香味炒入鸡肉里面。

❹ 用川盐1克、味精、料酒10克、白糖、香油、白芝麻调味，翻炒约20秒后，下刀口辣椒炝香，翻炒均匀即可出锅成菜。

【美味秘诀】

❶ 鸡肉的形状大小均匀，以1.5厘米为宜。鸡丁过大炸不干香炒不入味，影响成菜美观。鸡丁斩的过小成菜后看不见鸡肉，下油锅容易炸焦影响成菜口感。

❷ 掌握炸鸡块时的油温控制，先高油温将鸡肉的水分炸干并上色，之后用小火、低油温慢慢浸炸至鸡肉干香。

❸ 炒鸡块时火候宜小，火力过大会将辣椒、花椒炒煳变焦。同时小火慢炒才能将辣椒的辣和花椒的麻香味融入到鸡肉里面。

菜品变化：

干煸鸡、花椒鸡、青椒鸡等。

荷叶绿豆糯香鸡

酱香浓郁，入口滋糯细嫩

味型：咸鲜酱香味
烹调技法：蒸

川菜佳肴中有许多清鲜解腻的菜品、汤品，如绿豆带丝排骨汤、洗澡泡菜等，在餐桌上起调剂口味、缓和麻辣刺激的效果，用四川的说法即是所谓的"清口菜"，因为持续的刺激会让味觉疲乏，所以说川菜在庞杂的味型、菜品中有一套让人可以尽享各种美味的搭配逻辑。

绿豆清热解暑、荷叶清香润肺，再结合酱香、细嫩的鸡肉和味，荷叶绿豆糯香鸡是一款十分清爽、饭菜合一的佳肴，清新幽香回味悠长，十分适合搭配味厚味重的菜品作为清口菜或是在胃口难开的夏季食用。

原料：

鸡脯肉 100 克，绿豆 75 克，大米 100 克，青甜椒粒 10 克，红甜椒粒 10 克，香葱花 10 克，鲜荷叶 1 张

调味料：

川盐 1 克，味精 10 克，排骨酱 10 克，花生酱 15 克，蚝油 10 克，叉烧酱 5 克，香油 10 克，化猪油 15 克

做法：

❶ 干绿豆用冷水浸泡约 6 小时至完全涨发，再蒸至八成熟。大米入开水锅中煮至八成熟，出锅沥水。

❷ 鸡脯肉切成绿豆大小的丁状，用川盐、味精、排骨酱、花生酱、蚝油、叉烧酱、香油码拌均匀。

❸ 将荷叶修切成和蒸笼一样大小的块，垫于笼内。

❹ 煮八成熟的大米用化猪油拌匀后铺在荷叶上；将拌好的鸡脯肉与蒸好的绿豆搅匀，再铺放在米饭上。

❺ 将铺好的糯香鸡生胚放入蒸笼内，以大火蒸 25 分钟至熟。取出后撒上甜椒粒、香葱花成菜。

【美味秘诀】

❶ 干绿豆一定要先用冷水完全涨发，再蒸至八成熟，成菜后软硬度才适中，口感也更佳。

❷ 大米用量的 1/5 可用糯米替代，烹制成菜后口感更软糯。

❸ 大批量制作时，鸡脯肉可以提前用酱料码拌预制，口味、色泽更鲜美。

❹ 荷叶若无新鲜的可以用干荷叶涨发后再用，但风味不够鲜明。

❺ 此菜上蒸笼后须用大火蒸一气呵成，中间不可中断，才不会有外软烂，中心仍生硬的现象。

菜品变化：

酱香鸡米、五彩鸡米、鱼香鸡米等。

鸡豆花

洁白细嫩，形如豆花，汤清味美

味型：咸鲜味
烹调技法：冲

原料：
鸡脯肉 500 克，小油菜心 25 克，姜葱汁 15 克，鸡蛋 2 个，淀粉 15 克

调味料：
川盐 3 克，味精 5 克，料酒 15 克，高级清汤 2500 克（做法见第 25 页）

做法：

❶ 将鸡脯肉去皮洗净斩成蓉后，去净筋、膜，放入食物调理机内。依序加入姜葱汁、川盐 2 克、料酒、鸡蛋清、高级清汤 200 克、淀粉搅打成糊状。

❷ 取高级清汤 2000 克上火烧沸后转小火，把鸡肉糊缓缓冲入锅中，小火慢慢烧约 5 分钟，待鸡肉糊漂浮在汤面凝固成豆花状即可熄火。

❸ 将高级清汤 300 克烧沸，用川盐 1 克、味精调味盛入碗中。再把鸡豆花舀入碗内。

❹ 将小油菜心入沸水锅中氽水至熟，点缀在豆花上即成。

【美味秘诀】

❶ 鸡豆花的选料必须选用土母鸡的鸡脯肉，成菜后才能形整而细嫩。因为公鸡的肉质较粗，而饲养鸡的鸡脯肉质不只粗且水分多，制成的鸡豆花难以凝固成形，易散。

❷ 鸡脯肉必须磨细，成菜质感才会细腻、口感才鲜嫩。

❸ 搅打鸡肉糊时每加一样料都需搅匀，调味料则需逐一加入，全程务必按同一方向搅，不能来回搅打，否则鸡豆花无法凝结成大块。

❹ 鸡豆花品尝的是清淡中的丰富和鲜美层次，因此一定要用层次丰富、鲜美的高级清汤来做此菜，才能令人惊艳。

菜品变化：
雪花鸡淖、鸡蒙菜心、清汤鸡丸等。

　　"鸡豆花"是一道考究高级清汤做法的菜品，整体重点在于体现极致、细腻、多层次的鲜味。因此讲究选料、刀工、火候、做工的精细程度。这道汤菜合一，吃鸡不见鸡的高档菜品，需要用心品尝其极致、细腻、多层次滋味，成菜洁白如玉、肉质细嫩爽口、汤清澈见底。许多人贪图一时方便，不愿花时间、花成本熬制高级清汤，随意用鸡粉、高汤粉勾兑成滋味单调、欠缺鲜味的速成高汤，致使此菜品在餐饮市场中的评价越来越低，也让省内外的人觉得高档"鸡豆花"不过如此而已。自己不用心，又怎能怪食客不识货。

板栗黄焖鸡

色泽黄亮，咸鲜味美，回味略甜

味型： 咸鲜味
烹调技法： 黄焖

　　焖的烹制方法近似于烧，主要差别为烧是不加盖，而焖是加盖焖烧至汤汁浓稠、上色入味，成菜后入味深、口感细嫩而软绵。焖煮在川菜中又分红焖、油焖、黄焖三种，成菜工序基本一样，主要差别在于调味后所形成的色泽不同。"板栗"养颜润胃，经过适当的煮制后，其甘甜鲜美滋味能提升鸡肉的鲜甜感，且微糯口感与嫩糯的鸡肉也是绝佳搭配。

原料：
公鸡腿 300 克，蒸熟板栗 200 克，大枣 25 克，姜块 10 克，葱段 15 克

调味料：
川盐 2 克，糖色 75 克（做法见第 23 页），味精 10 克，酱油 15 克，料酒 10 克，香油 10 克，鲜高汤 500 克（做法见第 25 页），色拉油适量

做法：

❶ 公鸡腿洗净，斩成 2 厘米大小的块。用川盐 1 克、酱油、料酒 5 克码拌入味。

❷ 将炒锅置于火炉上，转大火，加入色拉油至六分满，烧至五成热时，将鸡肉下入锅中滑散，出锅沥油。

❸ 炒锅洗净置于火炉上，加入色拉油 50 克，中火烧至四成热，下姜块、葱段、滑好的鸡肉块入锅炒香，再烹入料酒 5 克、糖色炒至上色。

❹ 掺入鲜高汤用大火烧沸，转小火下蒸熟板栗、大枣后加盖烧至鸡肉熟透，接着用川盐 1 克、味精、香油调味，再盖上锅盖小火慢慢烧至汤汁浓稠、亮油时出锅成菜。

【美味秘诀】

❶ 鸡肉刀工成形的大小要均匀。板栗需先去壳、去皮并蒸熟。

❷ 鸡肉翻炒上色时要均匀而黄亮，这直接影响成菜后颜色的好看与否。

❸ 采黄焖技法烹调的菜品所用的糖色需炒嫩一点，炒的过老，成菜色泽发黑，还可能发苦。炒嫩点口味发甜而香、色泽更加黄亮。

❹ 焖烧鸡肉时小火慢慢烧至汤汁自然收汁亮油，不能用淀粉勾汁，成菜的滋味与口感层次才能更好。

菜品变化：
莴笋黄焖鸡、泡椒黄焖鸡、大蒜黄焖鸡等。

热菜
67.

松茸炖老鸭

菌香味浓厚，入口细滑

••••••••••••••••••••••••••••

味型： 咸鲜味
烹调技法： 炖

　　"松茸"乃菌中之珍品，营养价值极为丰富，四川地区主产于阿坝州、甘孜州、凉山州的海拔1600~3200米的高山密林区。一般新鲜松茸菌适合清炒、涮烫火锅或煮汤，尝其独特鲜香味与滑嫩口感。而干燥后的松茸菌，菌香味浓，主要用于煲汤，在中医的食疗概念中具有补肾强身、理气化痰的作用，这里结合老鸭肉的味甘、性凉、清热补虚，煲制成美味营养、入口咸鲜清爽的上品汤菜。

原料：

治净老鸭 200 克，猪棒子骨 300 克，干松茸 25 克，姜片 5 克，大葱段 15 克，水 1200 克

调味料：

川盐 2 克，味精 10 克，菌汤粉 10 克，料酒 15 克，胡椒粉 1 克

做法：

❶ 干松茸洗干净泥沙后，用约 50℃的温热水将松茸完全涨发。猪棒子骨汆水。

❷ 老鸭斩成 2.5 厘米大小的块状，入沸水锅中加料酒汆煮 2 分钟，出锅沥水。

❸ 将汆水后的鸭肉、猪棒子骨、涨发松茸、姜片、葱段、菌汤粉放入适当的紫砂陶电炖锅内，加水至八分满，打开电源先高火烧 2 小时后，再转中火炖 3 小时。

❹ 炖好后拿掉猪棒子骨，用川盐、味精、胡椒粉调味后成菜。

【美味秘诀】

❶ 煲汤最好选干货菌类，成菜才能散发浓郁菌香味。

❷ 此炖品加猪棒子骨的目的是增加汤的脂香味，让口感更好。

❸ 煲汤最好选用陶锅或砂锅，炖的时间要在 5 小时以上，整体汤味会更鲜。

菜品变化：

茶树菇老鸭、带丝炖鸭、虫草老鸭汤等。

红汤鸭掌

炰软适口，清香味浓

味型：家常味
烹调技法：烧

在川人的饮食习惯中，鸭掌一般采用卤制或泡制的方法成菜，像麻辣鸭掌、泡椒鸭掌等，多半当做休闲食品或佐酒菜品来食用。现在的市场相当方便，多数的鸭肉贩会事先将部分鸭掌去骨，分为带骨和去骨两种销售。此菜选用去骨鸭掌以红汤的形式成菜，结合二荆条辣椒特有的香味，色泽红亮、清香味重、炰软适口。

原料：
去骨鸭掌 300 克，芹菜段 50 克，土豆粉条 50 克，青二荆条辣椒 50 克，红二荆条辣椒 50 克

调味料：
川盐 2 克，味精 10 克，白糖 3 克，料酒 15 克，胡椒粉 1 克，蚝油 20 克，藤椒油 25 克，香油 15 克，红汤汤汁 600 克（做法见第 117 页，红汤汤汁二），色拉油 25 克

做法：

❶ 鸭掌剪去趾甲洗干净；二荆条辣椒都切成 2 厘米长的段。

❷ 取红汤汤汁入锅烧开，将土豆粉条入锅中煮至熟透后，出锅和芹菜段一起垫在深盘底。

❸ 取鸭掌和红汤汁一起下入高压锅内，用川盐、味精、料酒、白糖、胡椒粉、蚝油调味。大火煮开，转中火压煮 20 分钟，取出炰软的鸭掌放于土豆粉条上，浇上汤汁。

❹ 取炒锅置于火炉上，入藤椒油、香油、色拉油，中火烧至五成热，下二荆条辣椒炒香后，出锅浇盖在鸭掌上成菜。

【美味秘诀】

❶ 鸭掌必须烹至炰软、滋糯，否则不方便食用，影响口感。

❷ 炒二荆条辣椒时油温不宜过高，保留辣椒的新鲜香辣味，并避免辣椒因高温变色，影响成菜的色泽和口味。

菜品变化：
老干妈煸鸭掌、泡豇豆烧鸭掌、干锅鸭掌等。

白果烩鱼丁

色泽搭配五彩斑斓，咸鲜淡雅爽口

味型：咸鲜味

烹调技法：烩

"白果"又名银杏，是银杏树所结的果实，也是一味中药，《本草纲目》记载："熟食温肺、益气、定喘嗽……"。白果煮熟后糯口筋道并有清香味，适合搭配味道清雅的食材调以咸鲜味烹煮，最常见的是以煲汤的方式成菜，也有凉拌的。烹调白果一定要充分加热、煮至熟透，因为生的白果带有微毒，所以要避免生吃，且在烹煮前需先去"心"，以避免成菜味道带苦。

【美味秘诀】

❶ 鱼肉必须去皮，否则影响成菜色泽。鱼丁的形状不宜过大，因为鱼丁要上蛋清粉浆，下锅后会变大。

❷ 新鲜白果要去心并加热煮熟，否则成菜会有苦味，并可能造成轻微食物中毒。

❸ 烹制鱼丁时不宜在锅中久炒，来回翻动，容易将鱼丁搅散而不成形。

菜品变化：

粗粮鱼丁、五彩烩鱼丁、熘鱼片等。

原料：

草鱼肉 300 克，新鲜白果 200 克，胡萝卜 50 克，莴笋 50 克，香菇 25 克，小油菜 100 克，大葱段 5 克，姜片 10 片，鸡蛋 1 个，淀粉 50 克，水淀粉 50 克

调味料：

川盐 3 克，味精 10 克，料酒 10 克，胡椒粉 1 克，白糖 2 克，香油 10 克，鲜高汤 200 克（做法见第 25 页），化猪油 50 克，色拉油适量

做法：

❶ 新鲜白果去除外表硬壳、再去内层粗皮，用竹扦取出白果心。

❷ 白果拌上川盐，上蒸笼大火蒸 40 分钟熟透后，取出。

❸ 胡萝卜、莴笋、香菇切成比白果略小的丁状，入沸水锅中煮至断生，捞出。

❹ 草鱼肉去皮，切成 1.5 厘米见方的丁，用鸡蛋清、淀粉、川盐 1 克码拌上浆并使其入味。

❺ 将炒锅置于火炉上，加入色拉油到约六分满，以大火烧至三成热，下鱼丁入锅滑散后出锅沥油。

❻ 小油菜汆水至熟，出锅围边装盘。

❼ 另取洗净炒锅置于火炉上，入化猪油以中火烧至四成热，下大葱段、姜片爆香，放入白果、胡萝卜、莴笋、香菇略炒，调入川盐 2 克、味精、料酒、白糖、胡椒粉、香油后，掺入鲜高汤烧开。

❽ 下入滑散的鱼丁推匀，用水淀粉收汁，即可装盘成菜。

221

热菜
70.

小米粥煮鱼片

粥滋润黄亮，鱼肉洁白细嫩、滑爽

- -

味型：咸鲜味

烹调技法：煮

原料：
小米 100 克，草鱼肉 100 克，姜丝 5 克，淀粉 15 克

调味料：
川盐 2 克，味精 10 克，鲜高汤 600 克（做法见第 25 页）

做法：

❶ 将小米淘洗干净，用约 80℃ 温水浸泡 2 小时后沥尽水分。

❷ 将泡透的小米加入鲜高汤中，以小火煮至小米熟透，用水淀粉收汁至粥浓稠。

❸ 草鱼肉去皮，片成 0.3 厘米厚的片，用川盐、淀粉码拌上浆使其入味。

❹ 将小米粥下入砂锅内至约八分满，上炉用小火煮开，下姜丝和鱼片入锅轻推至散。

❺ 煮至断生熟透后用川盐、味精调味即成菜。

【美味秘诀】

❶ 无论是小米粥或是香米粥，粥一定要熬得比较浓稠，并且要保持米的形不碎，成菜后才美观，口感有层次且米香浓郁。

❷ 熬粥时先大火烧开，转小火慢慢煮。煮粥的同时要经常用勺子搅动锅底，以免粘锅产生焦味。

❸ 食用时可以搭配泡豇豆末和香葱花，以增添滋味的浓厚度。

❹ 小米粥熬好后，根据需要搭配不同的主食材制成不同口味的粥品。

菜品变化：
皮蛋瘦肉粥、龙虾粥、南瓜小米粥等。

粥用料普遍，做法精细，考究火候的使用，品种十分广泛，而其清淡、柔软、养身润胃的食疗功效深受人们的喜爱。按搭配大米煮粥的食材，可分为虾粥、菜粥、肉粥、鱼粥、白粥等多种风味类型。粥除了直接食用，也可将其视为汤汁的一种来烹煮菜肴，特别是细嫩、鲜美的食材，粥本身的黏稠性可以很好地将食材的滋味包覆住，也因此餐饮市场出现用粥做的粥底火锅，涮烫食材，滋味特别滋润、鲜美。

图书在版编目（CIP）数据

经典川菜：川味大厨20年厨艺精髓 / 朱建忠著.—
北京：中国纺织出版社，2013.6（2024.11重印）
（大厨必读系列）
ISBN 978-7-5064-9720-6

Ⅰ．①经…　Ⅱ．①朱…　Ⅲ．①川菜－菜谱　Ⅳ.
①TS972.182.71
中国版本图书馆CIP数据核字（2013）第091284号

原书名：《就爱川味儿》
原作者名：朱建忠
© 台湾赛尚图文事业有限公司，2012
本书简体版由赛尚图文事业有限公司（台湾）授权，由中
国纺织出版社于大陆地区独家出版发行。本书内容未经出
版社书面许可，不得以任何方式复制、转载或刊登。

著作权合同登记号：图字：01-2013-3350

责任编辑：舒文慧　　责任印制：王艳丽
装帧设计：水长流文化

中国纺织出版社出版发行
地址：北京市朝阳区百子湾东里 A407 号楼　邮政编码：100124
销售电话：010—67004422　传真：010—87155801
http://www.c-textilep.com
E-mail:faxing@c-textilep.com
官方微博 http://weibo.com/2119887771
北京华联印刷有限公司印刷　各地新华书店经销
2013年6月第1版　2024年11月第19次印刷
开本：787×1092　1／16　印张：14
字数：288千字　定价：68.00元